高等职业院校商务文秘实用技能教材

文字录入与排版

谭书旺　编著

中国物资出版社

图书在版编目（CIP）数据

文字录入与排版/谭书旺编著．—北京：中国物资出版社，2011.2
（高等职业院校商务文秘实用技能教材）
ISBN 978-7-5047-3731-1

Ⅰ.①文… Ⅱ.①谭… Ⅲ.①文字处理—高等学校：技术学校—教材②计算机应用—排版—高等学校：技术学校—教材 Ⅳ.①TP391.1②TS803.23

中国版本图书馆 CIP 数据核字（2011）第 015088 号

策划编辑　寇俊玲
责任编辑　涂　晟
责任印制　方朋远
责任校对　孙会香　杨小静

中国物资出版社出版发行
网址：http://www.clph.cn
社址：北京市西城区月坛北街 25 号
电话：（010）68589540　邮政编码：100834
全国新华书店经销
中国农业出版社印刷厂印刷

开本：787mm×1092mm　1/16　印张：7.75　字数：174 千字
2011 年 2 月第 1 版　2011 年 2 月第 1 次印刷
书号：ISBN 978-7-5047-3731-1/TP·0069
印数：0001—3000 册
定价：18.20 元
（图书出现印装质量问题，本社负责调换）

内 容 提 要

本书是高职院校文秘类专业教材，全书按照任务驱动型模式编写，共分为英文录入、中文双拼录入和桌面排版 3 个大的模块，每个模块又包括 5～7 个具体任务。

英文录入模块介绍了计算机键盘录入的基本知识，并按照录入练习规律由易到难地安排了初级键位练习、高级键位练习、英文单词录入练习和英文文章录入练习等专项练习。

中文双拼录入模块介绍了微软拼音双拼录入的基本知识，并按照录入练习规律由易到难地安排了词语的连贯录入、普通文章看打练习、使用自定义功能提高录入速度、专业文章看打练习、听打练习等专项练习。

桌面排版模块介绍了排版的基础知识和排版规范，并详细介绍了 Office 办公软件中的专业排版软件 Publisher 2003 的使用方法，使读者能够根据本书的介绍掌握 Publisher 2003 排版的操作方法，能够根据需要排出美观、适用的各种常用出版物。

本书除了可供高职院校文秘类专业教学人员使用外，还可供文秘类岗位的在职工作人员以及准备进入这些岗位工作的人员使用。

本教材还配有电子教学参考资料包，包括听打练习音频文件、排版练习所需素材等，能够为学生学习提供便利，请登录 http：//www. clph. cn 进行下载。

目　　录

模块一　英文录入

任务一　了解键盘录入的基本知识

【任务目标】

认识计算机标准键盘的结构，熟悉键盘操作的手指分工和指法要求，掌握键盘操作的正确姿势和空格键、回车键、上档键（【Shift】键）的正确操作。

【建议学时】

2 学时。

【任务内容】

正确的计算机操作指法能充分发挥每一个手指的功能，使 10 个手指协同进行输入，从而实现快速输入的目的。

一、认识键盘

如图 1-1 所示，计算机的整个键盘分为 5 个小区：上面一行是功能键区和状态指示区；下面的 5 行是主键盘区、编辑键区和辅助键区。

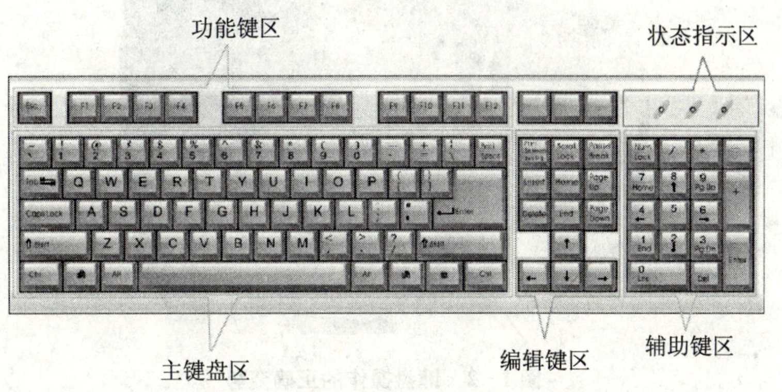

图 1-1　计算机键盘的分区

（一）主键盘区

对文字录入来说，最主要的是熟悉主键盘区各个键的用处。主键盘区包括 26 个英文字母，10 个阿拉伯数字，一些特殊符号，还附加一些功能键。

【Back Space】——后退键，删除光标前一个字符。

【Enter】——换行键，将光标移至下一行首。

【Shift】——字母大小写临时转换键；与数字键同时按下，输入数字上的符号。

【Ctrl】、【Alt】——控制键，必须与其他键一起使用。

【Caps Lock】——锁定键，将英文字母锁定为大写状态。

【Tab】——跳格键，将光标右移到下一个跳格位置。

空格键——输入一个空格。

（二）功能键区

功能键区【F1】到【F12】的功能根据具体的操作系统或应用程序而定。

（三）编辑键区

编辑键区中包括：插入字符【Insert】键，删除当前光标位置的字符【Delete】键，将光标移至行首的【Home】键和将光标移至行尾的【End】键，向上翻页【Page Up】键和向下翻页【Page Down】键，以及上下左右箭头键。

（四）辅助键区

辅助键区（小键盘区）有 10 个数字键，可用于数字的连续输入，用于大量输入数字的情况，如在财会的输入方面；另外，五笔字型中的五笔画输入也采用。当使用小键盘输入数字时应按下【Num Lock】键，此时对应的指示灯亮。

二、键盘操作的正确姿势

如图 1-2 所示，文字录入的正确坐姿应该是：

图 1-2　键盘操作的正确姿势

两脚平放，腰部挺直，两臂自然下垂，两肘贴于腋边。身体可略倾斜，离键盘的距离约为 20～30 厘米。文稿放在键盘左边，或用专用夹，夹在显示器旁边。

文字录入时，眼观文稿，身体不要跟着倾斜。肩膀和上臂放松，手掌和前臂成一条线，掌心仿佛有只小鸟，只有指尖接触键盘。在打字过程中手掌和手指要有足够的弯曲度，保持手指伸屈自如。

三、键盘操作的手指分工

（一）基本键位的手指分工

基本键位是指准备打字时，计算机键盘上用来放置除拇指外的其余 8 个手指的键位，如图 1－3 所示。同时，拇指放在空格键上。

图 1－3　基本键位的手指分工

（二）责任键位的手指分工

每个手指除了指定的基本键位外，还要分工负责其他键位，称为它的责任键位，如图 1－4 所示。

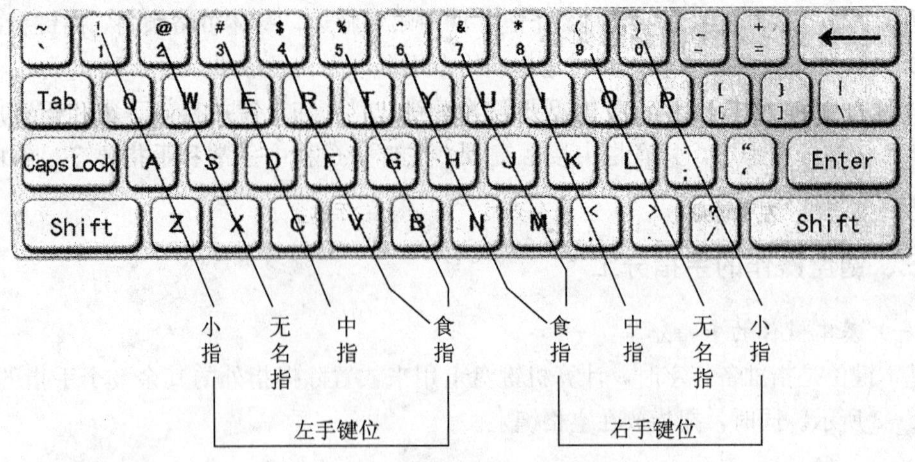

图 1-4 责任键位的手指分工

1. 左手的责任键位

左手食指除了负责基本键位【F】外，还要负责【R】【V】【T】【G】【B】【4】【5】7 个责任键位；左手中指除了负责基本键位【D】外，还要负责【E】【C】【3】3 个责任键位；左手无名指除了负责基本键位【S】外，还要负责【W】【X】【2】3 个责任键位；左手小指除了负责基本键位【A】外，还要负责【Q】【Z】【1】3 个责任键位。

2. 右手的责任键位

右手食指除了负责基本键位【J】外，还要负责【Y】【H】【N】【U】【M】【6】【7】7 个责任键位；右手中指除了负责基本键位【K】外，还要负责【I】【,】【8】3 个责任键位；右手无名指除了负责基本键位【L】外，还要负责【O】【.】【9】3 个责任键位；右手小指除了负责基本键位【;】外，还要负责【P】【/】【0】3 个责任键位。

四、键盘操作的指法要求

(一) 各司其职，不得越位

10 个手指均有自己的操作键位区域，任何 1 个手指不得去按或击打不属于自己分工区域的键，在操作中各个手指必须严格遵守这一规定进行操作。特别是无名指和小指，可能在最开始上级操作时，由于不太灵活，很容易造成其他手指“帮忙”的情况，因此，从一开始就必须坚持这几个手指自己按或击打自己的键。

(二) 击毕即返，准确定位

没有击键操作时，各个手指要停留在基本键位上。有击键操作时，击键结束后相关手指要迅速返回基本键位。这样才能有利于下次击键时准确定位。

(三) 指腕运动，力度适中

击键时，只需通过手指和手腕的运动进行，不要通过手臂运动来击键。击键的力度要适度，不能太重。要注意是击键而不是按键，要瞬间发力，并立即反弹。

（四）只想不看，坚持盲打

在操作中，必须从一开始就坚持盲打操作，即不要用眼睛看键盘，只能通过大脑来想要击打的键位所处的位置，并指挥相应的手指来完成击键。

五、空格键、回车键、上档键的正确操作

（一）空格键的正确操作

右手拇指上抬 1～2 厘米，迅速向下击打空格键并立即回归预备位置，每击打一次输入一个空格键。

（二）回车键的正确操作

抬起右手小指并迅速向右移动，快速击打【Enter】键，并立即退回原基准位置。

（三）上档键的正确操作

当左手需要输入大写字母的时候，用右手小指按着右边的【Shift】键的同时，用左手的相应手指击打相应键位，然后两手同时回归基本键位。同样，当右手需要输入大写字母的时候，用左手小指按着左边的【Shift】键的同时，用右手的相应手指击打相应键位，然后两手同时回归基本键位。

任务二 初级键位练习

【任务目标】

使学生初步掌握各键位字符的录入要领，录入速度达到 120 字符/分钟以上。

【建议学时】

2～4 学时。

【任务内容】

一、键位布局练习

打开金山打字通 2010 的“英文打字/键位练习（初级）”窗口，如图 1－5 所示。

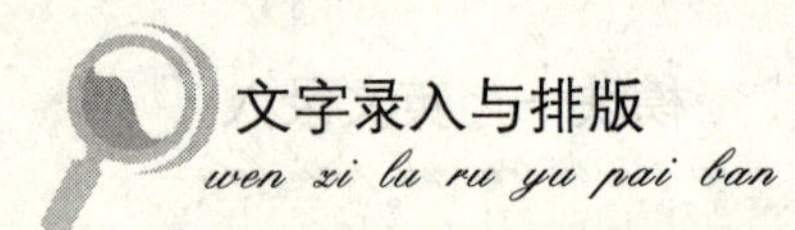

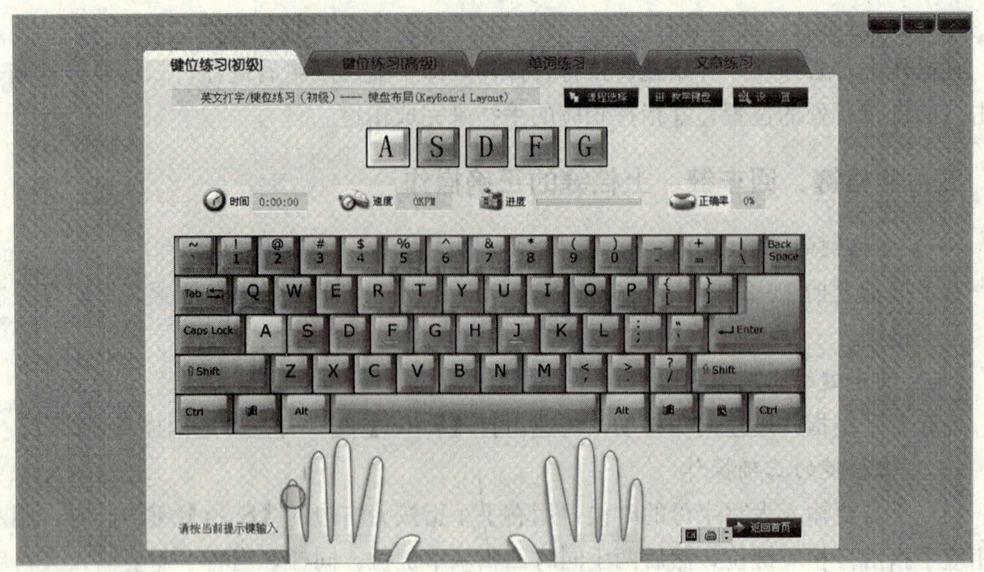

图 1-5　金山打字通 2010 初级键位练习窗口

在窗口中单击“课程选择”按钮，在弹出的课程选择对话框中选择“键盘布局”并单击“确定”按钮，如图 1-6 所示。

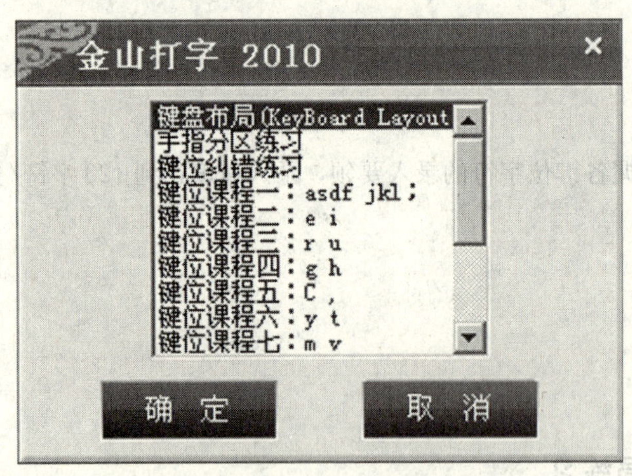

图 1-6　初级键位练习课程选择对话框

根据屏幕提示录入各键位英文字符，建议练习时间 10 分钟，要求录入速度达到每分钟 120 字以上，正确率达到 98%以上。

二、手指分区练习

打开金山打字通 2010 的“英文打字/键位练习（初级）”窗口。

在窗口中单击“课程选择”按钮，在弹出的课程选择对话框中选择“手指分区练习”

并单击“确定”按钮。

根据屏幕提示录入各键位英文字符，建议练习时间5分钟，要求录入速度达到每分钟120字以上，正确率达到98%以上。

三、键位纠错练习

打开金山打字通2010的“英文打字/键位练习（初级）”窗口。

在窗口中单击“课程选择”按钮，在弹出的课程选择对话框中选择“键位纠错练习”并单击“确定”按钮。

根据屏幕提示录入各键位英文字符，建议练习时间5分钟，要求录入速度达到每分钟120字以上，正确率达到98%以上。

四、键位课程一：asdf jkl;

打开金山打字通2010的“英文打字/键位练习（初级）”窗口。

在窗口中单击“课程选择”按钮，在弹出的课程选择对话框中选择“键位课程一：asdf jkl;”并单击“确定”按钮。

根据屏幕提示录入各键位英文字符，建议练习时间5分钟，要求录入速度达到每分钟120字以上，正确率达到98%以上。

五、键位课程二：e i

打开金山打字通2010的“英文打字/键位练习（初级）”窗口。

在窗口中单击“课程选择”按钮，在弹出的课程选择对话框中选择“键位课程二：e i”并单击“确定”按钮。

根据屏幕提示录入各键位英文字符，建议练习时间5分钟，要求录入速度达到每分钟120字以上，正确率达到98%以上。

六、键位课程三：r u

打开金山打字通2010的“英文打字/键位练习（初级）”窗口。

在窗口中单击“课程选择”按钮，在弹出的课程选择对话框中选择“键位课程三：r u”并单击“确定”按钮。

根据屏幕提示录入各键位英文字符，建议练习时间5分钟，要求录入速度达到每分钟120字以上，正确率达到98%以上。

七、键位课程四：g h

打开金山打字通2010的“英文打字/键位练习（初级）”窗口。

在窗口中单击“课程选择”按钮，在弹出的课程选择对话框中选择“键位课程四：g h”并单击“确定”按钮。

根据屏幕提示录入各键位英文字符，建议练习时间5分钟，要求录入速度达到每分钟120字以上，正确率达到98%以上。

八、键位课程五：C ，

打开金山打字通2010的“英文打字/键位练习（初级）”窗口。

在窗口中单击“课程选择”按钮，在弹出的课程选择对话框中选择“键位课程五：C ，”并单击“确定”按钮。

根据屏幕提示录入各键位英文字符，建议练习时间5分钟，要求录入速度达到每分钟120字以上，正确率达到98%以上。

九、键位课程六：y t

打开金山打字通2010的“英文打字/键位练习（初级）”窗口。

在窗口中单击“课程选择”按钮，在弹出的课程选择对话框中选择“键位课程六：y t”并单击“确定”按钮。

根据屏幕提示录入各键位英文字符，建议练习时间5分钟，要求录入速度达到每分钟120字以上，正确率达到98%以上。

十、键位课程七：m v

打开金山打字通2010的“英文打字/键位练习（初级）”窗口。

在窗口中单击“课程选择”按钮，在弹出的课程选择对话框中选择“键位课程七：m v”并单击“确定”按钮。

根据屏幕提示录入各键位英文字符，建议练习时间5分钟，要求录入速度达到每分钟120字以上，正确率达到98%以上。

十一、键位课程八：b n

打开金山打字通2010的“英文打字/键位练习（初级）”窗口。

在窗口中单击“课程选择”按钮，在弹出的课程选择对话框中选择“键位课程八：b n”并单击“确定”按钮。

根据屏幕提示录入各键位英文字符，建议练习时间5分钟，要求录入速度达到每分钟120字以上，正确率达到98%以上。

十二、键位课程九：o w

打开金山打字通2010的“英文打字/键位练习（初级）”窗口。

在窗口中单击“课程选择”按钮，在弹出的课程选择对话框中选择“键位课程九：o w”并单击“确定”按钮。

根据屏幕提示录入各键位英文字符，建议练习时间5分钟，要求录入速度达到每分钟

120 字以上，正确率达到 98%以上。

十三、键位课程十：p q z

打开金山打字通 2010 的“英文打字/键位练习（初级）”窗口。

在窗口中单击“课程选择”按钮，在弹出的课程选择对话框中选择“键位课程十：p q z”并单击“确定”按钮。

根据屏幕提示录入各键位英文字符，建议练习时间 5 分钟，要求录入速度达到每分钟 120 字以上，正确率达到 98%以上。

十四、键位课程 11 ：x .

打开金山打字通 2010 的“英文打字/键位练习（初级）”窗口。

在窗口中单击“课程选择”按钮，在弹出的课程选择对话框中选择“键位课程 11 ：x .”并单击“确定”按钮。

根据屏幕提示录入各键位英文字符，建议练习时间 5 分钟，要求录入速度达到每分钟 120 字以上，正确率达到 98%以上。

十五、键位课程 13 ：0—9

打开金山打字通 2010 的“英文打字/键位练习（初级）”窗口。

在窗口中单击“课程选择”按钮，在弹出的课程选择对话框中选择“键位课程 13 ：0—9”并单击“确定”按钮。

根据屏幕提示录入各键位英文字符，建议练习时间 5 分钟，要求录入速度达到每分钟 120 字以上，正确率达到 98%以上。

十六、键位课程 12 ：Capital—大写

打开金山打字通 2010 的“英文打字/键位练习（初级）”窗口。

在窗口中单击“课程选择”按钮，在弹出的课程选择对话框中选择“键位课程 12 ：Capital—大写”并单击“确定”按钮。

根据屏幕提示录入各键位英文字符，建议练习时间 5 分钟，要求录入速度达到每分钟 120 字以上，正确率达到 98%以上。

十七、键位课程 14 ：英文标点符号

打开金山打字通 2010 的“英文打字/键位练习（初级）”窗口。

在窗口中单击“课程选择”按钮，在弹出的课程选择对话框中选择“键位课程 14 ：英文标点符号”并单击“确定”按钮。

根据屏幕提示录入各键位英文字符，建议练习时间 5 分钟，要求录入速度达到每分钟 120 字以上，正确率达到 98%以上。

任务三　高级键位练习

【任务目标】

通过练习，使学生熟练掌握各键位字符的录入要领，录入速度达到 160 字符/分钟以上。

【建议学时】

2～4 学时。

【任务内容】

一、键位布局练习

打开金山打字通 2010 的“英文打字/键位练习（高级）”窗口，如图 1－7 所示。

图 1－7　金山打字通 2010 高级键位练习窗口

在窗口中单击“课程选择”按钮，在弹出的课程选择对话框中选择“键盘布局”并单击“确定”按钮，如图 1－8 所示。

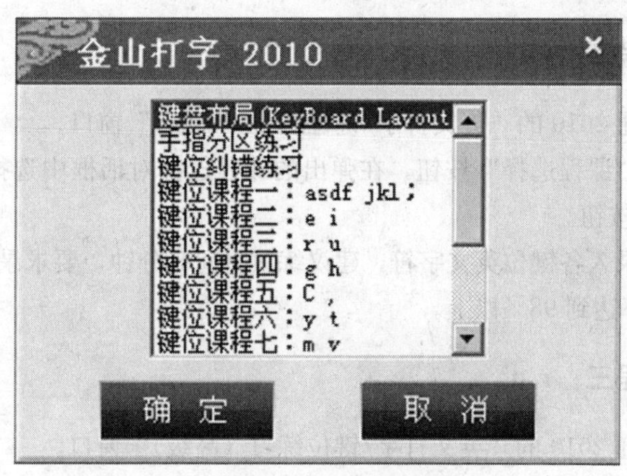

图 1-8 高级键位练习课程选择对话框

根据屏幕提示录入各键位英文字符，建议练习时间 10 分钟，要求录入速度达到每分钟 160 字以上，正确率达到 98%以上。

二、手指分区练习

打开金山打字通 2010 的“英文打字/键位练习（高级）”窗口。

在窗口中单击“课程选择”按钮，在弹出的课程选择对话框中选择“手指分区练习”并单击“确定”按钮。

根据屏幕提示录入各键位英文字符，建议练习时间 5 分钟，要求录入速度达到每分钟 160 字以上，正确率达到 98%以上。

三、键位纠错练习

打开金山打字通 2010 的“英文打字/键位练习（高级）”窗口。

在窗口中单击“课程选择”按钮，在弹出的课程选择对话框中选择“键位纠错练习”并单击“确定”按钮。

根据屏幕提示录入各键位英文字符，建议练习时间 5 分钟，要求录入速度达到每分钟 160 字以上，正确率达到 98%以上。

四、键位课程一：asdf jkl;

打开金山打字通 2010 的“英文打字/键位练习（高级）”窗口。

在窗口中单击“课程选择”按钮，在弹出的课程选择对话框中选择“键位课程一：asdf jkl;”并单击“确定”按钮。

根据屏幕提示录入各键位英文字符，建议练习时间 5 分钟，要求录入速度达到每分钟 160 字以上，正确率达到 98%以上。

五、键位课程二：e i

打开金山打字通 2010 的“英文打字/键位练习（高级）”窗口。

在窗口中单击“课程选择”按钮，在弹出的课程选择对话框中选择“键位课程二：e i”并单击“确定”按钮。

根据屏幕提示录入各键位英文字符，建议练习时间 5 分钟，要求录入速度达到每分钟 160 字以上，正确率达到 98%以上。

六、键位课程三：r u

打开金山打字通 2010 的“英文打字/键位练习（高级）”窗口。

在窗口中单击“课程选择”按钮，在弹出的课程选择对话框中选择“键位课程三：r u”并单击“确定”按钮。

根据屏幕提示录入各键位英文字符，建议练习时间 5 分钟，要求录入速度达到每分钟 160 字以上，正确率达到 98%以上。

七、键位课程四：g h

打开金山打字通 2010 的“英文打字/键位练习（高级）”窗口。

在窗口中单击“课程选择”按钮，在弹出的课程选择对话框中选择“键位课程四：g h”并单击“确定”按钮。

根据屏幕提示录入各键位英文字符，建议练习时间 5 分钟，要求录入速度达到每分钟 160 字以上，正确率达到 98%以上。

八、键位课程五：C ,

打开金山打字通 2010 的“英文打字/键位练习（高级）”窗口。

在窗口中单击“课程选择”按钮，在弹出的课程选择对话框中选择“键位课程五：C ,”并单击“确定”按钮。

根据屏幕提示录入各键位英文字符，建议练习时间 5 分钟，要求录入速度达到每分钟 160 字以上，正确率达到 98%以上。

九、键位课程六：y t

打开金山打字通 2010 的“英文打字/键位练习（高级）”窗口。

在窗口中单击“课程选择”按钮，在弹出的课程选择对话框中选择“键位课程六：y t”并单击“确定”按钮。

根据屏幕提示录入各键位英文字符，建议练习时间 5 分钟，要求录入速度达到每分钟 160 字以上，正确率达到 98%以上。

十、键位课程七：m v

打开金山打字通 2010 的“英文打字/键位练习（高级）”窗口。

在窗口中单击“课程选择”按钮，在弹出的课程选择对话框中选择“键位课程七：m v”并单击“确定”按钮。

根据屏幕提示录入各键位英文字符，建议练习时间 5 分钟，要求录入速度达到每分钟 160 字以上，正确率达到 98%以上。

十一、键位课程八：b n

打开金山打字通 2010 的“英文打字/键位练习（高级）”窗口。

在窗口中单击“课程选择”按钮，在弹出的课程选择对话框中选择“键位课程八：b n”并单击“确定”按钮。

根据屏幕提示录入各键位英文字符，建议练习时间 5 分钟，要求录入速度达到每分钟 160 字以上，正确率达到 98%以上。

十二、键位课程九：o w

打开金山打字通 2010 的“英文打字/键位练习（高级）”窗口。

在窗口中单击“课程选择”按钮，在弹出的课程选择对话框中选择“键位课程九：o w”并单击“确定”按钮。

根据屏幕提示录入各键位英文字符，建议练习时间 5 分钟，要求录入速度达到每分钟 160 字以上，正确率达到 98%以上。

十三、键位课程十：p q z

打开金山打字通 2010 的“英文打字/键位练习（高级）”窗口。

在窗口中单击“课程选择”按钮，在弹出的课程选择对话框中选择“键位课程十：p q z”并单击“确定”按钮。

根据屏幕提示录入各键位英文字符，建议练习时间 5 分钟，要求录入速度达到每分钟 160 字以上，正确率达到 98%以上。

十四、键位课程 11 ：x .

打开金山打字通 2010 的“英文打字/键位练习（高级）”窗口。

在窗口中单击“课程选择”按钮，在弹出的课程选择对话框中选择“键位课程 11 ：x .”并单击“确定”按钮。

根据屏幕提示录入各键位英文字符，建议练习时间 5 分钟，要求录入速度达到每分钟 160 字以上，正确率达到 98%以上。

十五、键位课程 13：0—9

打开金山打字通 2010 的“英文打字/键位练习（高级）”窗口。

在窗口中单击“课程选择”按钮，在弹出的课程选择对话框中选择“键位课程 13：0—9”并单击“确定”按钮。

根据屏幕提示录入各键位英文字符，建议练习时间 5 分钟，要求录入速度达到每分钟 160 字以上，正确率达到 98%以上。

十六、键位课程 12：Capital—大写

打开金山打字通 2010 的“英文打字/键位练习（高级）”窗口。

在窗口中单击“课程选择”按钮，在弹出的课程选择对话框中选择“键位课程 12：Capital—大写”并单击“确定”按钮。

根据屏幕提示录入各键位英文字符，建议练习时间 5 分钟，要求录入速度达到每分钟 160 字以上，正确率达到 98%以上。

十七、键位课程 14：英文标点符号

打开金山打字通 2010 的“英文打字/键位练习（高级）”窗口。

在窗口中单击“课程选择”按钮，在弹出的课程选择对话框中选择“键位课程 14：英文标点符号”并单击“确定”按钮。

根据屏幕提示录入各键位英文字符，建议练习时间 5 分钟，要求录入速度达到每分钟 160 字以上，正确率达到 98%以上。

任务四　英文单词录入练习

【任务目标】

掌握英文单词录入的指法要领，使学生达到每分钟录入 180 个以上英文字母的录入速度。

【建议学时】

2～4 学时。

【任务内容】

一、小学英语词库练习

打开金山打字通 2010 的“英文打字/单词练习”窗口，如图 1－9 所示。

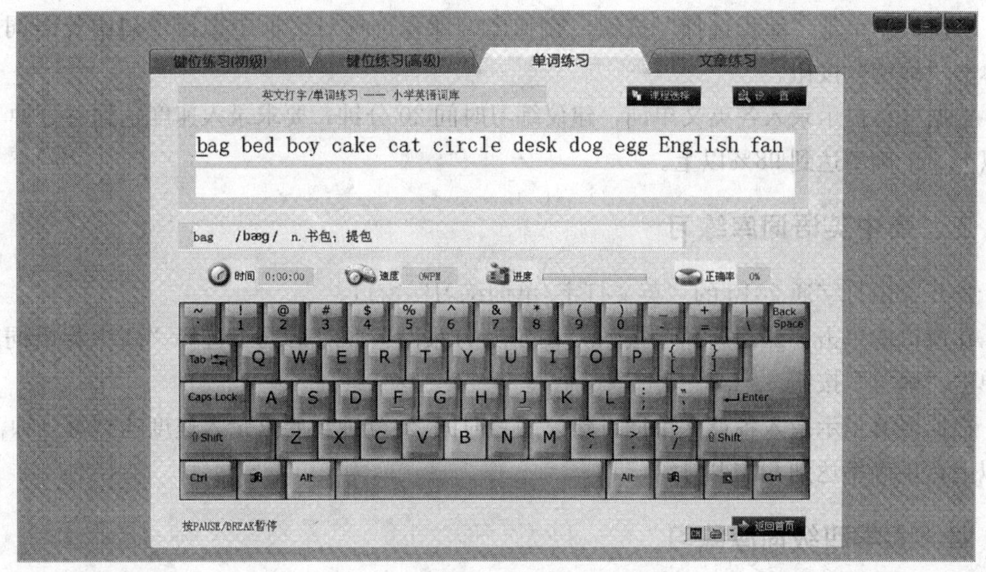

图 1-9　金山打字通 2010 英文单词练习窗口

在窗口中单击“课程选择”按钮，在弹出的课程选择对话框中选择“小学英语词库”并单击“确定”按钮，如图 1-10 所示。

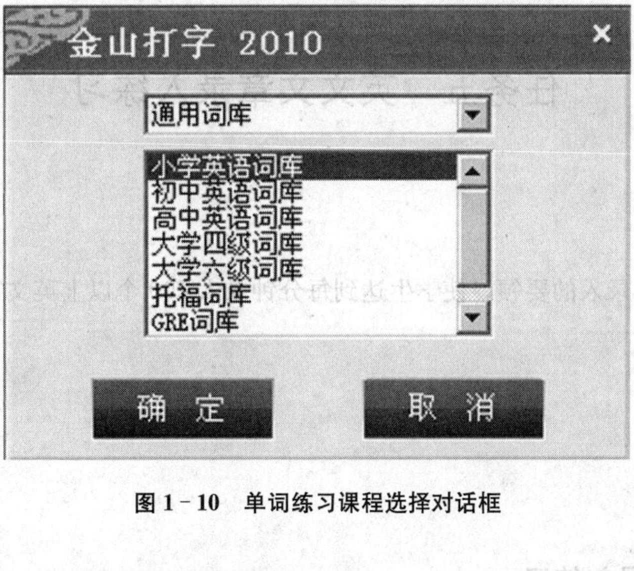

图 1-10　单词练习课程选择对话框

根据屏幕提示录入各英文单词，建议练习时间 20 分钟，要求录入速度达到每分钟 180 字以上，正确率达到 98%以上。

二、初中英语词库练习

打开金山打字通 2010 的“英文打字/单词练习”窗口。

在窗口中单击“课程选择”按钮，在弹出的课程选择对话框中选择“初中英语词库”并单击“确定”按钮。

根据屏幕提示录入各英文单词，建议练习时间 20 分钟，要求录入速度达到每分钟 180 字以上，正确率达到 98%以上。

三、高中英语词库练习

打开金山打字通 2010 的“英文打字/单词练习”窗口。

在窗口中单击“课程选择”按钮，在弹出的课程选择对话框中选择“高中英语词库”并单击“确定”按钮。

根据屏幕提示录入各英文单词，建议练习时间 20 分钟，要求录入速度达到每分钟 180 字以上，正确率达到 98%以上。

四、大学四级词库练习

打开金山打字通 2010 的“英文打字/单词练习”窗口。

在窗口中单击“课程选择”按钮，在弹出的课程选择对话框中选择“大学四级词库”并单击“确定”按钮。

根据屏幕提示录入各英文单词，建议练习时间 30 分钟，要求录入速度达到每分钟 180 字以上，正确率达到 98%以上。

任务五　英文文章录入练习

【任务目标】

掌握英文文章录入的要领，使学生达到每分钟录入 200 个以上英文字母的录入速度。

【建议学时】

2～6 学时。

【任务内容】

一、Adage 录入练习

打开金山打字通 2010 的“英文打字/文章练习”窗口，如图 1－11 所示。

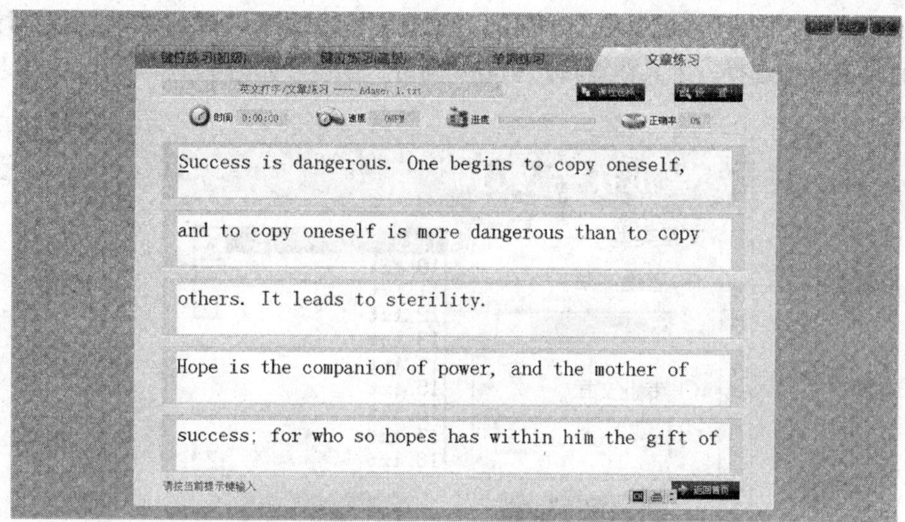

图 1－11　金山打字通 2010 英文文章练习窗口

在窗口中单击“课程选择”按钮，在弹出的课程选择对话框中“文章类型”选择区选择“普通文章”，并在“普通文章”下面的下拉列表框中选择“Adage”，然后在对话框右侧的篇目选择框中选择一个具体篇目，单击“确定”按钮，如图 1－12 所示。

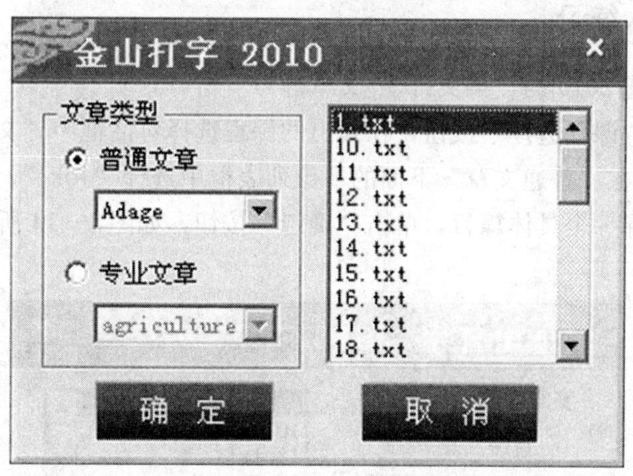

图 1－12　文章练习课程选择对话框-Adage

根据屏幕提示录入所选英文文章，建议练习时间 10 分钟，要求录入速度达到每分钟 200 字以上，正确率达到 98%以上。

二、Essay 录入练习

打开金山打字通 2010 的“英文打字/文章练习”窗口。

在窗口中单击“课程选择”按钮，在弹出的课程选择对话框中“文章类型”选择区选择“普通文章”，并在“普通文章”下面的下拉列表框中选择“Essay”，然后在对话框右侧的篇目选择框中选择一个具体篇目，单击“确定”按钮，如图1-13所示。

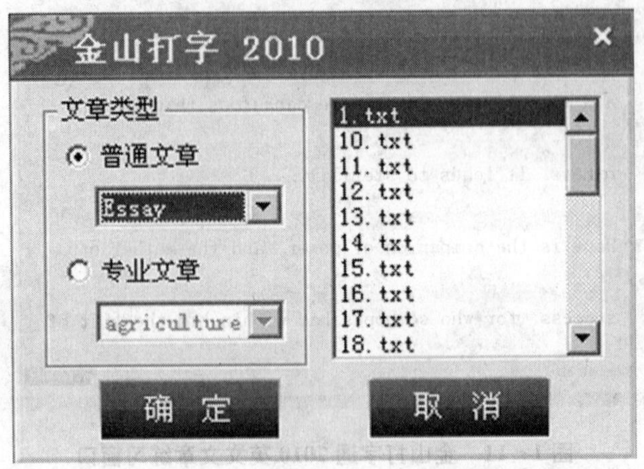

图1-13 文章练习课程选择对话框—Essay

根据屏幕提示录入所选英文文章，建议练习时间15分钟，要求录入速度达到每分钟200字以上，正确率达到98%以上。

三、Joke录入练习

打开金山打字通2010的“英文打字/文章练习”窗口。

在窗口中单击“课程选择”按钮，在弹出的课程选择对话框中“文章类型”选择区选择“普通文章”，并在“普通文章”下面的下拉列表框中选择“Joke”，然后在对话框右侧的篇目选择框中选择一个具体篇目，单击“确定”按钮，如图1-14所示。

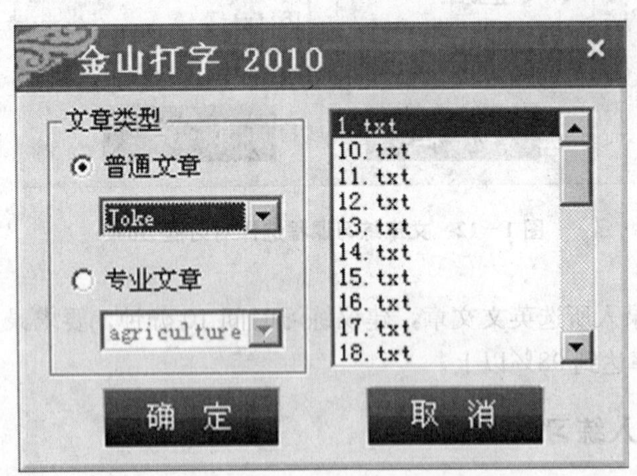

图1-14 文章练习课程选择对话框—Joke

根据屏幕提示录入所选英文文章，建议练习时间 15 分钟，要求录入速度达到每分钟 200 字以上，正确率达到 98%以上。

四、Novel 录入练习

打开金山打字通 2010 的“英文打字/文章练习”窗口。

在窗口中单击“课程选择”按钮，在弹出的课程选择对话框中“文章类型”选择区选择“普通文章”，并在“普通文章”下面的下拉列表框中选择“Novel”，然后在对话框右侧的篇目选择框中选择一个具体篇目，单击“确定”按钮，如图 1－15 所示。

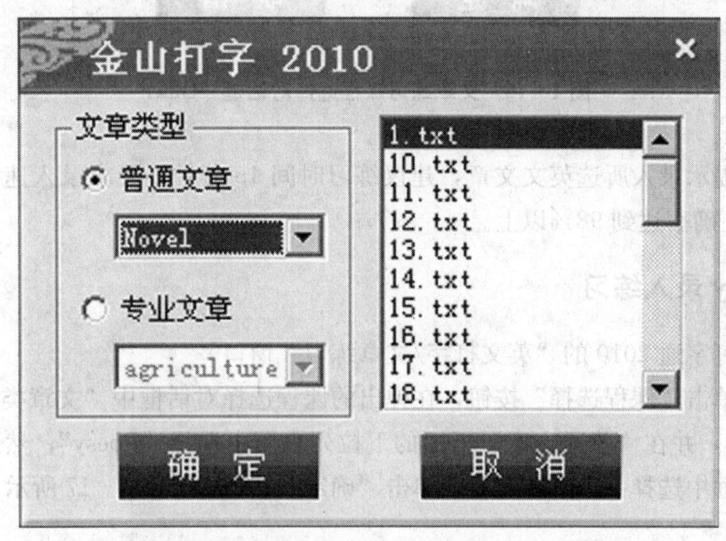

图 1－15　文章练习课程选择对话框—Novel

根据屏幕提示录入所选英文文章，建议练习时间 15 分钟，要求录入速度达到每分钟 200 字以上，正确率达到 98%以上。

五、Other 录入练习

打开金山打字通 2010 的“英文打字/文章练习”窗口。

在窗口中单击“课程选择”按钮，在弹出的课程选择对话框中“文章类型”选择区选择“普通文章”，并在“普通文章”下面的下拉列表框中选择“Other”，然后在对话框右侧的篇目选择框中选择一个具体篇目，单击“确定”按钮，如图 1－16 所示。

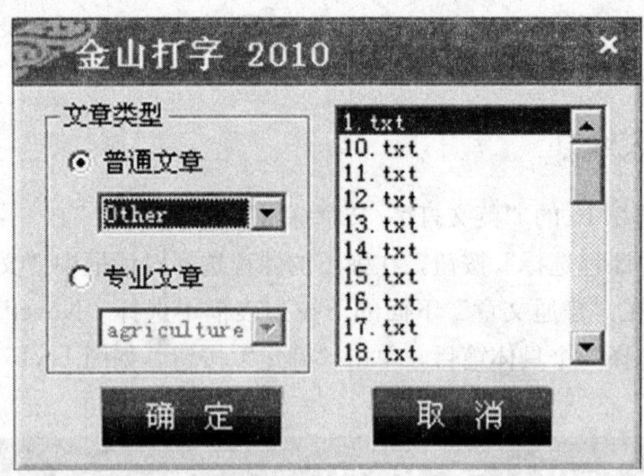

图 1-16　文章练习课程选择对话框—Other

根据屏幕提示录入所选英文文章，建议练习时间 15 分钟，要求录入速度达到每分钟 200 字以上，正确率达到 98%以上。

六、Poesy 录入练习

打开金山打字通 2010 的“英文打字/文章练习”窗口。

在窗口中单击“课程选择”按钮，在弹出的课程选择对话框中“文章类型”选择区选择“普通文章”，并在“普通文章”下面的下拉列表框中选择“Poesy”，然后在对话框右侧的篇目选择框中选择一个具体篇目，单击“确定”按钮，如图 1-17 所示。

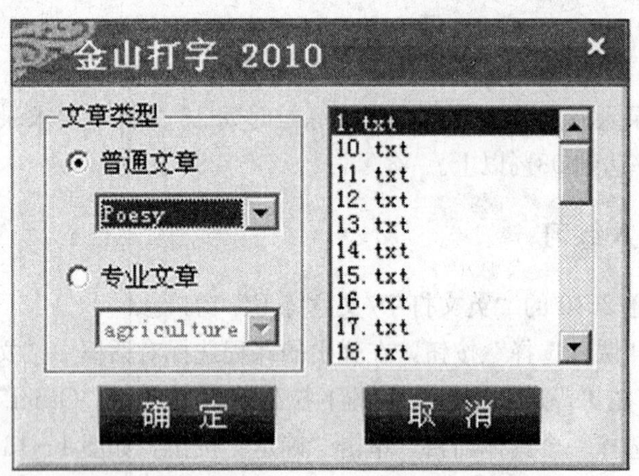

图 1-17　文章练习课程选择对话框—Poesy

根据屏幕提示录入所选英文文章，建议练习时间 15 分钟，要求录入速度达到每分钟 200 字以上，正确率达到 98%以上。

模块二 中文双拼录入

任务一 双拼入门

【任务目标】

了解双拼录入的概念，学会双拼录入的方法，使双拼单字录入速度达到每分钟 60 字以上。

【建议学时】

2～4 学时。

【任务内容】

一、双拼的概念

在汉字录入的编码方式中，每个汉字只用两个英文字母表示的拼音编码方式叫做双拼。其中第一个英文字母代表汉字读音的声母，第二个英文字母代表汉字读音的韵母。如：

例 子	全 拼	双 拼	说 明
像	Xiang	Xd	d＝iang
张	Zhang	Vh	V＝zh，h＝ang
吃	Chi	Ii	I＝ch

在目前流行的各种智能拼音输入法中，大部分都能设置成双拼输入方式，只是在不同输入法的双拼输入方案中，偶尔会用不同的键位去代表同 1 个声母或韵母。如：

例　子	微　软	自然码	搜　狗	紫　光	拼音加加
zh	V	V	V	U	V
ch	I	I	I	A	U
sh	U	U	U	I	I
ing	;	Y	;	;	Q

二、双拼输入的设置方法和双拼方案

下面以微软拼音 2003 为例介绍双拼输入的设置方法和双拼方案。

（一）双拼输入的设置方法

在微软拼音输入法语言栏上单击“功能菜单”，在弹出的二级菜单中选择“输入选项”命令，激活“微软拼音输入法输入选项”对话框，如图 2－1 所示。

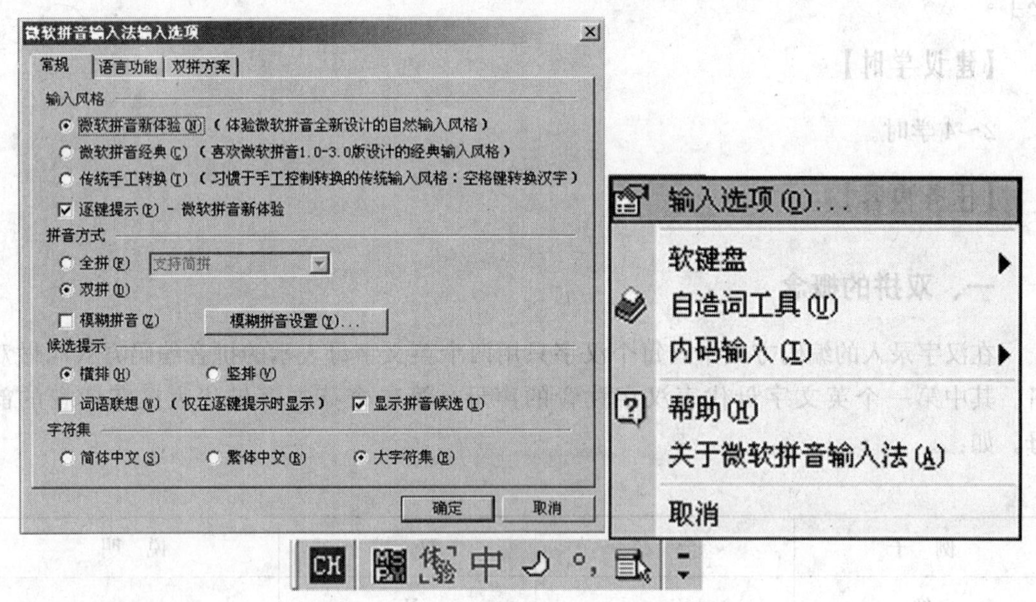

图 2－1　双拼输入的设置方法

在对话框的“常规”选项卡中，在“拼音方式”选择区域中选择“双拼”，然后单击“确定”按钮即可。

（二）微软拼音的双拼方案

单击“微软拼音输入法输入选项”对话框中的“双拼方案”选项卡，可以看到微软拼音的双拼方案，如图 2－2 所示。

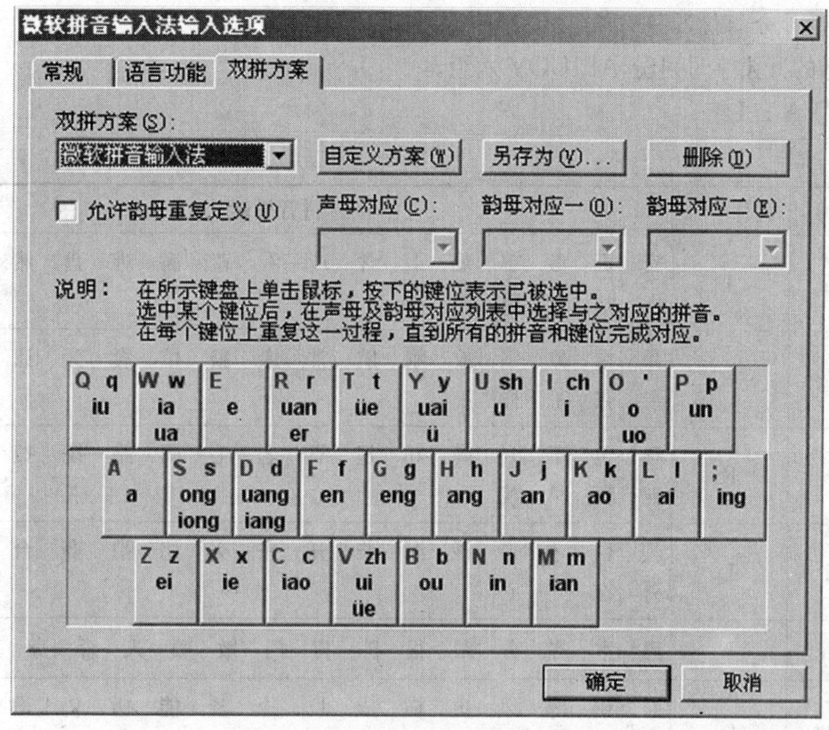

图 2－2　微软拼音的双拼方案

三、双拼单字输入练习

（一）声母输入练习

打开金山打字通 2010 的“速度测试/屏幕对照”窗口，选择书本对照标签，使用双拼输入法反复练习输入下列文字，直至打字速度达到每分钟 60 字以上。

把（ba）　怕（pa）　吗（ma）　法（fa）　大（da）　他（ta）
那（na）　啦（la）　嘎（ga）　卡（ka）　哈（ha）　扎（va）
查（ia）　啥（ua）　砸（za）　擦（ca）　洒（sa）　呀（ya）
瓦（wa）　以（yi）　无（wu）　与（yu）　啊（oa）　哦（oe）
屋（wu）　的（de）　特（te）　呢（ne）　了（le）　各（ge）
可（ke）　和（he）　这（ve）　车（ie）　设（ue）　则（ze）
侧（ce）　色（se）　饿（oe）　也（ye）　波（bo）　破（po）
莫（mo）　佛（fo）　我（wo）　比（bi）　批（pi）　米（mi）
地（di）　替（ti）　你（ni）　里（li）　及（ji）　其（qi）
西（xi）　自（zi）　此（ci）　四（si）　至（vi）　持（ii）
是（ui）

（二）韵母分组练习

按韵母的开头字母可分 AEIUOV 六组。

1. 练习 A E I 组

分组	韵母	代替字母	拼音举例
A	an	J	安 班 参 单 凡 干 含 产 看 蓝 满 难 盘 然 散 谈 山 站 万 眼 咱
	ang	H	昂 帮 藏 当 放 刚 航 常 康 狼 忙 囊 旁 让 桑 汤 上 张 王 样 脏
	ao	K	奥 包 草 到 高 好 超 靠 老 毛 闹 跑 绕 扫 套 少 照 要 早 找
	ai	L	爱 白 才 带 该 海 柴 开 来 买 奶 拍 赛 台 晒 摘 外 在
E	en	F	恩 本 岑 分 跟 很 陈 肯 门 嫩 喷 人 森 身 真 问 怎
	eng	G	泵 层 等 风 更 横 成 坑 冷 梦 能 碰 仍 僧 疼 生 正 翁 增
	ei	Z	倍 非 给 黑 类 美 内 配 为 贼
I	ia	W	嗲 家 俩 恰 下
	ian	M	便 点 间 联 面 年 篇 前 天 现
	iang	D	江 两 娘 强 想
	in	N	斌 近 林 民 您 品 亲 因
	ing	;	并 定 令 名 宁 平 请 听
	iong	S	熊 炯 穷
	ie	X	别 跌 接 列 灭 聂 撤 且 贴 写
	iao	C	标 掉 交 聊 秒 鸟 飘 桥 条 小
	iu	Q	丢 就 刘 谬 牛 求 修

2. 练习 U O V 组

分组	韵母	代替字母	拼音举例
U	ua	W	瓜 花 夸 刷 抓
	uan	R	窜 段 关 换 穿 款 乱 暖 软 算 团 栓 专 钻
	uai	Y	怪 坏 揣 快 帅 拽
	uo	O	波 错 多 佛 郭 或 戳 扩 罗 摸 诺 破 弱 所 托 说 桌 我 哟 做
	un	P	村 吨 滚 混 困 论 润 孙 吞 尊 准 春 顺
	uang	D	光 黄 创 狂 双 装
	ui	V	催 对 贵 会 吹 亏 瑞 随 推 水 追 最
O	ong	S	从 东 功 红 冲 空 龙 弄 荣 送 同 中 用 总
	ou	B	凑 斗 否 够 抽 口 某 剖 柔 搜 头 周 有 走 楼 后 收
V	ve	T	觉 略 虐 缺 学 月
	vn	P	军 群 寻 云
	van	R	卷 全 选 元

（三）声韵母综合练习

练习使用双拼方法录入下列文字，达到每分钟 60 字以上。

1. 第一组

啊（oa）	唉（ol）	按（oj）	昂（oh）	奥（ok）	吧（ba）
白（bl）	办（bj）	帮（bh）	包（bk）	被（bz）	本（bf）
泵（bg）	比（bi）	变（bm）	表（bc）	别（bx）	斌（bn）
并（b;）	波（bo）	不（bu）	差（ia）	拆（il）	产（ij）
长（ih）	超（ik）	车（ie）	陈（if）	成（ig）	吃（ii）
冲（is）	抽（ib）	出（iu）	踹（iy）	传（ir）	床（id）
吹（iv）	纯（ip）	戳（io）	次（ci）	从（cs）	凑（cb）
粗（cu）	窜（cr）	催（cv）	存（cp）	错（co）	擦（ca）
才（cl）	惨（cj）	仓（ch）	操（ck）	测（ce）	岑（cf）
层（cg）	打（da）	带（dl）	但（dj）	当（dh）	到（dk）
的（de）	都（db）	得（dz）	等（dg）	地（di）	嗲（dw）
点（dm）	掉（dc）	跌（dx）	定（d;）	丢（dq）	懂（ds）
读（du）	段（dr）	对（dv）	盾（dp）	多（do）	额（oe）

恩（of）　而（or）　发（fa）　饭（fj）　放（fh）　飞（fz）
分（ff）　风（fg）　佛（fo）　否（fb）　付（fu）　改（gl）
干（gj）　刚（gh）　搞（gk）　个（ge）　给（gz）　跟（gf）
更（gg）　工（gs）　够（gb）　股（gu）　挂（gw）

2. 第二组

怪（gy）　管（gr）　光（gd）　贵（gv）　滚（gp）　过（go）
哈（ha）　还（hl）　汗（hj）　行（hh）　好（hk）　和（he）
黑（hz）　很（hf）　哼（hg）　红（hs）　后（hb）　胡（hu）
话（hw）　坏（hy）　换（hr）　黄（hd）　会（hv）　混（hp）
或（ho）　及（ji）　加（jw）　见（jm）　将（jd）　叫（jc）
接（jx）　进（jn）　经（j;）　炯（js）　就（jq）　距（ju）
卷（jr）　觉（jt）　均（jp）　卡（ka）　开（kl）　看（kj）
抗（kh）　靠（kk）　可（ke）　肯（kf）　坑（kg）　空（ks）
口（kb）　哭（ku）　夸（kw）　快（ky）　款（kr）　狂（kd）
亏（kv）　困（kp）　扩（ko）　啦（la）　来（ll）　蓝（lj）
狼（lh）　老（lk）　了（le）　累（lz）　冷（lg）　里（li）
俩（lw）　连（lm）　两（ld）　聊（lc）　列（lx）　林（ln）
另（l;）　留（lq）　龙（ls）　楼（lb）　路（lu）　略（lt）
论（lp）　罗（lo）　吗（ma）　买（ml）　慢（mj）　忙（mh）
毛（mk）　么（me）　没（mz）　们（mf）　梦（mg）　米（mi）
面（mm）　秒（mc）　灭（mx）　民（mn）　名（m;）　谬（mq）
莫（mo）　某（mb）

3. 第三组

木（mu）　那（na）　耐（nl）　男（nj）　囊（nh）　闹（nk）
呢（ne）　内（nz）　嫩（nf）　能（ng）　你（ni）　年（nm）
娘（nd）　鸟（nc）　捏（nx）　您（nn）　宁（n;）　牛（nq）
弄（ns）　怒（nu）　女（ny）　暖（nr）　虐（nt）　诺（no）
偶（ob）　怕（pa）　拍（pl）　盘（pj）　胖（ph）　跑（pk）
陪（pz）　喷（pf）　碰（pg）　皮（pi）　片（pm）　票（pc）
撇（px）　品（pn）　平（p;）　破（po）　剖（pb）　普（pu）
起（qi）　恰（qw）　钱（qm）　强（qd）　桥（qc）　切（qx）
亲（qn）　请（q;）　穷（qs）　球（qq）　去（qu）　全（qr）
却（qt）　群（qp）　然（rj）　让（rh）　绕（rk）　热（re）
人（rf）　仍（rg）　日（ri）　荣（rs）　肉（rb）　如（ru）
软（rr）　瑞（rv）　润（rp）　若（ro）　啥（ua）　晒（ul）
删（uj）　上（uh）　少（uk）　设（ue）　谁（uz）　水（uv）

神（uf）	生（ug）	是（ui）	收（ub）	书（uu）	刷（uw）
帅（uy）	栓（ur）	爽（ud）	顺（up）	说（uo）	死（si）
送（ss）	搜（sb）	素（su）	算（sr）	岁（sv）	孙（sp）
所（so）	撒（sa）	赛（sl）	三（sj）	桑（sh）	

4. 第四组

扫（sk）	色（se）	森（sf）	僧（sg）	他（ta）	太（tl）
谈（tj）	汤（th）	套（tk）	特（te）	疼（tg）	提（ti）
天（tm）	条（tc）	贴（tx）	听（t;）	同（ts）	头（tb）
图（tu）	团（tr）	退（tv）	吞（tp）	拖（to）	哇（wa）
外（wl）	玩（wj）	网（wh）	为（wz）	问（wf）	翁（wg）
我（wo）	无（wu）	系（xi）	下（xw）	先（xm）	想（xd）
小（xc）	写（xx）	新（xn）	行（x;）	熊（xs）	修（xq）
需（xu）	选（xr）	学（xt）	训（xp）	呀（ya）	眼（yj）
样（yh）	要（yk）	也（ye）	一（yi）	因（yn）	应（y;）
哟（yo）	用（ys）	有（yb）	与（yu）	元（yr）	月（yt）
晕（yp）	炸（vq）	宅（vl）	站（vj）	长（vh）	找（vk）
者（ve）	这（ve）	真（vf）	正（vg）	只（vi）	中（vs）
周（vb）	住（vu）	抓（vw）	拽（vy）	转（vr）	装（vd）
追（vv）	准（vp）	桌（vo）	字（zi）	总（zs）	走（zb）
组（zu）	钻（zr）	最（zv）	尊（zp）	做（zo）	咋（za）
在（zl）	咱（zj）	脏（zh）	早（zk）	则（ze）	贼（zz）
怎（zf）	增（zg）				

四、使用以词定字法输入单字

以词定字是指在输入使用频率较低或者同音字较多的汉字的时候，通过输入法设置，先输入 1 个与该字固定搭配的词语（通常为双音词）的拼音，然后在输入法提示条中显示的词语中选择要输入的汉字上屏，进而提高输入速度的一种汉字输入技巧。例如“是”“时”“事”在句子中总容易错，3 个字是同音，总要选。但使用以词定字的方法就不需要选了。如打“事”，只要打“事情”二字，然后从事情中选择“事”就可以了。

谷歌和搜狗都有简单的以词定字方法。下面以搜狗拼音输入法为例，说明操作方法。

（一）以词定字的设置方法

第一步，单击语言栏中的“菜单”按钮，在弹出的菜单中选择“设置属性”命令，打开“搜狗拼音输入法设置”对话框，如图 2－3 所示。

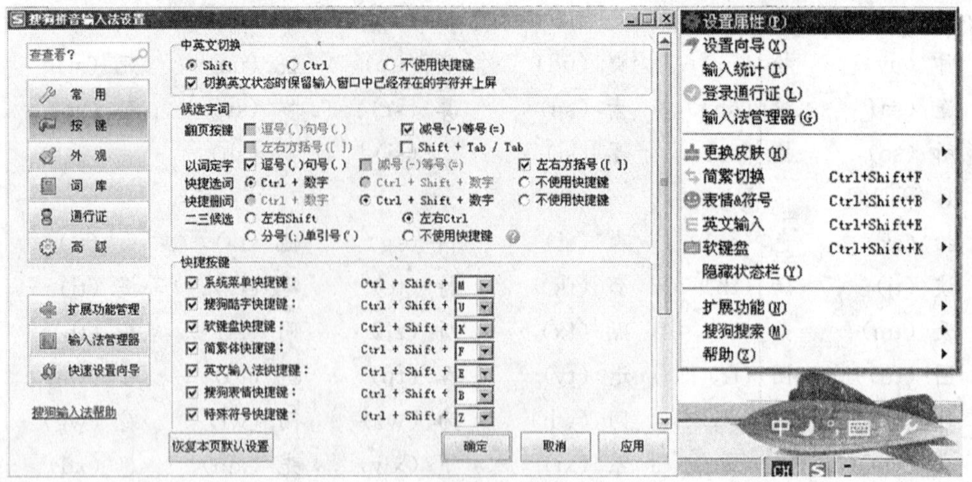

图 2－3 以词定字的设置方法

第二步，在对话框左侧的标签栏中选择“按键”标签，在对话框右侧的“候选字词”设置区中勾选“以词定字”选项设置后面的“逗号（,）句号（。）”或“减号（—）等号（=）”或“左右方括号（[]）”前的复选框。（如果要选择的选项呈灰色不可选状态，则请先取消“以词定字”上面“翻页按键”选项设置中的相应选项前面的复选框。）

第三步，单击“确定”按钮。

（二）以词定字的注意事项

使用以词定字法输入单字的时候，必须保证要使用的词语出现在输入法提示条的首位，即最好是唯一的双音词或者使用频率相对最高的双音词。

例如，设置完成后，键入编码“uiqy”，“事情”出现在词条的第一位，根据设置选项的不同，按【,】或【—】或【[】可使“事”上屏，按【.】或【=】或【]】可使“情”上屏。

但是，如果要输入“是”字，选用“是非”来以词定字则无法完成，因为“是非”的同音词有：①施肥；②是非；③试飞等，且“是非”不能稳定地出现在词条的首位，无法进行定字。如果选用“是否”来“以词定字”，由于词条中“是否”是唯一的一个词语，因此可以达到以词定字的目的。

小贴士

如果所选用的词语没有出现在词条首位，可以先通过选择该词语把该词语上屏，然后再删除该词语中不需要的那个字。这种方法叫做“连词消字”，也非常有效。可与“以词定字”法配合使用。

（三）以词定字练习

通过实验，将能够有效地以词定字的词语填写在下面空格中的相应位置。

时		向		由		做		既	
已		只		她		是		想	
有		作		即		以		至	
他		事		像		又		坐	
及		亦		置		它		使	
相		友		座		级		易	
之		在		买		那		与	
须		成		再		卖		哪	
于		需		称		指		从	
但		按		或		便		愈	
就		往		因		如		曾	
和		总		越		对		凡	
且		只		除		同		共	
还		虽		把		为		自	
比		将		当		并		却	

任务二　词语的连贯录入

【任务目标】

通过双拼词语的连贯录入练习，使双拼词语连贯录入速度达到每分钟 80 字以上。

【建议学时】

2～6 学时。

【任务内容】

所谓词语的连贯录入，是指在录入 1 个词语时，字与字之间一气呵成，间隔时间越短越好，而两个词语之间可以有短暂的间歇，如阿爸—啪嗒。连贯录入能够锻炼大脑的反应速度。

一、双音词连贯录入练习

要求录入时按照××××的节奏进行，速度达到每分钟 60 字以上。

1. 第一组

a	阿爸 啪嗒 大法 哈哈 喀拉 伽马 哪怕 娃娃 压榨 杂沓
o	喔喔 伯伯 错落 多所 佛陀 过错 活泼 阔绰 骆驼 摸索 挪作 婆婆 若说 所获 说破 脱落 龌龊 喲喲 做过
e	侧着 车辙 得了 隔热 菏泽 客车 乐呵 可么 热河 瑟瑟 色泽 特色 啧啧 折射
i	比例 刺激 地契 机器 力气 秘密 拟题 脾气 奇迹 日子 司机 提笔 诗词 智力 洗衣 一次 自己
u	无误 不足 粗俗 赌注 俘虏 弧度 初步 哭诉 路途 父母 奴仆 匍匐 入住 速度 屠夫 舒服 瞩目 祖母
ü	旅居 女婿 曲剧 序曲 语句

2. 第二组

ai	爱财 拜拜 采摘 带来 钙奶 还在 拆台 开外 来买 买卖 奶奶 排外 塞外 晒台 外卖 再来 债台
ei	蓓蕾 得给 飞贼 给谁 黑妹 克谁 妹妹 胃内 配备 忒累 谁陪 为谁 贼匪
ao	嗷嗷 爆炒 草药 祷告 膏药 嚎啕 超高 犒劳 姥姥 毛桃 脑勺 抛锚 绕道 骚扰 逃跑 芍药 腰包 早操 照耀
ou	殴斗 凑够 兜售 狗肉 后头 丑陋 口头 露头 洲头 某某 豆蔻 肉粥 搜狗 偷走 手头 由头 右手 走漏
an	安然 办完 惨淡 单产 饭碗 干旱 寒颤 谗言 看板 烂漫 慢慢 难产 攀谈 冉冉 三产 谈判 闪盘 完善 眼看 赞叹 沾染

3. 第三组

en	本人 涔涔 嗯嗯 粉尘 根深 很稳 沉闷 肯问 门神 嫩嫩 喷粉 人们 森森 深沉 问诊 真人
ang	昂扬 榜样 仓房 当啷 方糖 刚刚 行当 厂房 康康 狼羊 茫茫 胖胖 嚷嚷 丧葬 糖厂 上苍 汪洋 羊肠 张扬
eng	层层 登封 风声 更正 哼哼 乘胜 坑蒙 萌生 能挣 鹏程 仍能 圣僧 腾升 嗡嗡 增生 征程

续　表

ong iong	动容　共同　轰动　重重　炯炯　空洞　笼统　浓重　穹隆　融通　松动　通融　汹涌　用功　总共
ia ua	挂画　华夏　假话　胯下　下家　加价　抓瞎
ie	别捏　爹爹　姐姐　趔趄　咩咩　镍铁　撇写　切切　铁屑　谢谢

4. 第四组

iao	秒表　吊桥　叫嚣　苗条　鸟叫　飘渺　巧妙　调教　小巧
iou	丢球　舅舅　求救　六九　妞妞　绣球
ian	边检　电线　简练　脸面　面前　年年　骗钱　前线　田间　限电
in	彬彬　紧邻　林荫　民心　拼音　亲民　辛勤　引进
iang uang	光亮　惶惶　闯将　奖项　矿床　踉跄　娘娘　强项　想象　撞墙
ing	病情　定性　敬请　零星　命令　凝听　平静　清明　听清　姓名　荧屏
uai	乖乖　怀揣　揣拽　快快　摔坏　拽坏
uei	兑水　归罪　回归　捶腿　溃退　蕊蕊　碎嘴　退队　水锤　罪魁　追随
uan üan	窜钻　短款　贯穿　还原　船员　捐款　款款　暖暖　全团　软缎　算算　团员　远端　宣传　钻穿　转圈
uen ün	村屯　春笋　顿困　滚滚　混沌　菌群　昆仑　伦敦　群婚　熏晕　润润　孙孙　吞云　允准　遵循　谆谆
üe	略微　虐待　雀跃　雪月　越学

二、三音节词连贯录入练习

要求录入时按照×××××××的节奏进行，速度达到每分钟 70 字以上。

1. 第一组

爱好者　爱科学　爱劳动　爱人民　爱学习　爱祖国　安徽省　安理会　安全感
安全区　安全性　按比例　按惯例　按规定　按计划　奥运会　白热化　百分之
半边天　半成品　半导体　半决赛　办公楼　办公室　办公厅　办实事　办事处
保持着　保护区　保险费　保证书　报告会　报告团　北京市　备忘录　被称为
被誉为　本部门　本单位　本地区　本年度　本世纪　本系统　毕业生　闭幕式
必要性　编辑部　编委会　编者按　标准化　表彰会　病虫害　并不是　并没有
博览会　博物馆　补助费　不得不　不等于　不低于　不定期　不动产　不发达

不符合　不服输　不甘心　不过关　不合理　不急于　不仅仅　不经济　不景气
不久前　不可能　不利于　不了解　不能不　不平等　不平衡　不失为　不属于
不适应　不同意　不同于　不稳定　不亚于　不知道　财政部　菜篮子　菜市场
参加者　残疾人　茶话会　产供销　产业界　常委会　长春市　长沙市　超标准
称之为　成都市　成活率　成交额　成年人　成员国　承包制　筹委会　出版社
出版物　出发点　出口额　出口国　出口量　出入境　出问题　出主意　出自于
传染病　创汇额　创纪录　创利税　创始人　创造力　创造性　纯利润　纯收入
粗线条　促进会　催化剂　打电话　大本营　大部分　大城市　大多数　大幅度
大工业　大规模　大锅饭　大会堂　大家庭　大检查　大奖赛　大气层　大气候
大使馆　大市场　大体上　大问题　大西北　大西洋　大熊猫　大学生　大洋洲
大中小　大中型　大众化　大自然　代表处　代表会　代理人　单方面　当地人
当事人　党代表　党代会　党内外　党团员　党委会　党政军　党支部　党中央
党组织　档案馆　德智体　登记表　邓小平　低产田　低成本　低利率　低收入
第二名　第三名　第一步　第一次　第一流　第一名　第一位　第一线　电气化
电视剧　电视片　电视台　电子化　东北部　东道主　东南部　东南亚　董事长
董事会　动物园　独创性　独联体　多方面　多功能　多民族　多年来　多渠道
多数人　多样化　多样性　多元化　二等奖　二季度

2. 第二组

发病率　发电量　发行量　发言权　发源地　发言人　发展史　翻两番　翻一番
反对派　反贪污　范围内　方法论　方向性　房地产　防护林　访华团　访问团
纺织部　纺织品　纺织业　非正式　废品率　废弃物　分公司　分阶段　分界线
分析家　丰收年　风景区　服务部　服务台　服务网　服务业　服务于　福建省
福州市　副部长　副书记　副县长　副院长　副主任　副主席　副总理　副总统
副作用　覆盖面　复杂化　复杂性　负责人　负责任　负责制　妇产科　甘肃省
感兴趣　钢产量　港务局　高标准　高层次　高峰期　高技术　高科技　高水平
高效率　高效益　高性能　高质量　革命化　革命家　个体户　各部门　各部委
各单位　各地区　各方面　各民族　各企业　各省市　各行业　工程师　工具书
工农业　工商界　工商局　工商联　工商业　工业部　工业化　工业界　工业品
工业区　工艺品　工作量　工作日　工作上　工作者　工作组　供销社　供应量
公安部　公安局　公务员　公有制　共产党　共和国　共青团　共同点　购买力
股份制　关键性　观察家　观察员　管理处　广东省　广州市　规范化　归功于
桂林市　贵阳市　贵州省　国产化　国防部　国际化　国际上　国际性　国家队
国家级　国库券　国民党　国内外　国庆节　国务院　哈尔滨　哈萨克　海口市
海南省　海内外　杭州市　好收成　核电站　核武器　合肥市　合格率　合格证
合理化　合同制　合作社　河北省　河南省　黑龙江　红领巾　候选人　后勤部
呼吁书　湖北省　湖南省　划时代　化工部　化合物　化妆品　环保部　环保局

毁灭性　会不会　会议室　婚姻法　混凝土　火车头　火车站　获得者　获奖者
基本点　基本法　基本功　基本上　基础上　基金会　机电部　机动性　机器人
机械厂　积极性　吉林省　吉普车　集团军　集训队　集装箱　几方面　几天来
技术性　技术员　季节性　济南市　计划内　计划外　计算机　纪录片　纪念碑
纪念馆　纪念品　加工厂　加工业　检查站　检查组　检察长　检察院　减免税
鉴定会　建设性　建设者　建筑物　建筑业　江苏省　江西省　奖学金　讲效益
降水量　降雨量　交换机　交界处　交流会　交易额　交易会　交易所　教科书
教练员　教研室　教育部　教育家　教育界　教育局　教职工　接班人　接待室
阶段性　节假日　解放后　解放军　解放前　金融界　紧迫感　紧迫性　锦标赛
仅次于　进出境　进出口　进攻性　进口货　进口量　进一步　近几年　近年来
近期内　近日来　近些年　尽可能　晶体管　经得起　经济界　经济林　经济区
经济学　经纪人　经贸部　经营权　经营者　敬老院　竞争力　九月份　旧社会
旧中国　就在于　居民区　居首位　居委会　据报道　据调查　据分析　据估计
据介绍　据了解　据统计　具体化　俱乐部　绝不会　绝不能　绝不是　决策者
决定性　决赛权　决议案　军分区　军烈属

3. 第三组

开发区　开放性　开工率　开门红　开幕式　开拓者　开玩笑　看起来　看上去
考察队　考察团　科技奖　科技界　科学化　科学家　科学性　科学院　科研所
可靠性　可能性　可行性　客观上　客流量　客运量　库存量　跨部门　跨地区
矿产品　矿务局　亏损性　昆明市　困难户　拉萨市　来源于　兰州市　劳动部
劳动法　劳动力　劳动日　劳动者　老百姓　老大难　老干部　老年人　老同志
老一辈　雷阵雨　擂台赛　离不开　离退休　理论界　理论上　理事长　理事会
里程碑　历史性　利润率　利用率　立方米　立足点　立足于　联合国　联合会
联合体　联欢会　联谊会　连续性　两方面　两国间　辽宁省　了不起　烈军属
林业局　临时工　临时性　零部件　零配件　零售额　零售价　灵活性　灵敏度
领导层　领导权　领导人　领奖台　留学生　流水线　流行病　六月份　陆海空
铝合金　旅行社　乱收费　乱涨价　逻辑性　马克思　买入价　卖出价　满足于
毛泽东　贸促会　贸易额　贸易量　没想到　没有过　每个人　每一个　美术馆
秘书长　棉纺厂　棉纺织　面对面　民政部　民主党　民主化　某些人　亩产量
目的地　目击者　南北方　南昌市　南京市　南宁市　男同志　男子汉　内蒙古
能不能　能见度　年产量　年产值　年利润　年平均　年轻化　年轻人　凝聚力
农产品　农工党　农工商　农牧民　农牧区　农牧业　农业税　农作物　女干部
女孩子　女同志　欧共体　派出所　培训班　贫困户　贫困县　平方米　平均数
评论家　评论员　破坏性　迫切性　普遍性　普及率　普通话　普通人　七月份
企事业　企业化　企业家　企业界　洽谈会　千百万　前不久　前几年　前一段
强加于　强有力　强制性　切不可　侵略者　青海省　青年人　青少年　青壮年

庆祝会 区域性 取决于 趣味性 权威性 全方位 全国性 全过程 全民族
全球性 全人类 全世界 全中国 全自动 群众性 热衷于 人代会 人民币
人生观 人事部 日产量 日用品 肉制品 入场券 入口处 入学率 软科学

4. 第四组

三等奖 三季度 三角债 三角洲 三结合 山东省 陕西省 山西省 伤病员
伤残人 商品房 商品粮 商品率 商业部 商业性 上半场 上半年 上海市
上一个 少年宫 少数人 社会化 社会上 社科院 设计师 设计院 申请人
申请书 深层次 深加工 沈阳市 审计署 生产国 生产力 生产量 生产商
生产线 生产性 生产者 生活费 生活区 生活上 生力军 生命力 生命线
生物学 省军区 省内外 省政府 失业率 十二月 十一月 十月份 石家庄
时间表 什么样 实际上 实验室 实用性 实质性 使用权 示威者 世界杯
世界观 世界性 事实上 事业心 是不是 适合于 适应性 适用于 市政府
市中心 试生产 试验区 试运行 收购额 收购量 手工业 售货员 受害者
输油管 书记处 双轨制 水产品 水产业 水电部 水电站 水浇地 水泥厂
水污染 税务局 说明了 私有化 司法部 司令部 司令员 死亡率 四川省
四季度 四月份 所得税 所有权 所有制 所在地 台港澳 台湾省 太平洋
太阳能 太原市 谈不上 讨论会 特殊性 提意见 体育场 体育界 天安门
天津市 天然气 天文台 铁路局 铁路线 停车场 通讯社 通讯员 通知书
同行业 同志们 统计表 统计局 统战部 偷漏税 投身于 投资额 投资者
突击手 突破口 突破性 图书馆 土石方 土特产 团体赛 团中央 团组织
推动力 吞吐量 拖拉机 托儿所 外国人 外交部 外交官 外贸部 外向型
微生物 危险性 为人民 为什么 维生素 维吾尔 委员长 委员会 慰问团
文化节 文化局 文化站 文汇报 文艺界 稳定性 问题是 污染物 污染源
武当派 无条件 无限期 无线电 武汉市 五月份 物资部 西安市 西北部
西宁市 吸引力 系列化 下半场 下半年 下半时 下基层 下决心 下一步
下一代 下一个 先进性 现场会 现代化 现阶段 县政府 现政府 相当于
相结合 相联系 相适应 相一致 乡亲们 乡政府 想办法 想不到 向前进
向前看 象征性 销售额 销售量 消费量 消费品 消费者 消耗量 小分队
小规模 小伙子 小轿车 小商品 小生产 小学生 小朋友 小学校 校党委
协调会 协议书 新材料 新产品 新发现 新发展 新方法 新风尚 新工艺
新贡献 新观念 新华社 新技术 新纪录 新阶段 新经验 新经历 新局面
新领域 新路子 新篇章 新品种 新气象 新时代 新时期 新世界 新水平
新体制 新途径 新闻界 新问题 新鲜事 新形势 新形式 新一代 新秩序
新中国 心目中 信得过 信息化 信息量 信用社 星期一 星期二 星期三
星期四 星期五 星期六 星期日 星期天 兴奋剂 行不通 行政区 修正案
需求量 许可证 畜牧业 宣传部 选拔赛 选举法 选择性 学雷锋 学术界

学习班 循环赛 训练班

5. 第五组

鸭绿江 亚运会 严肃性 严重性 研究会 研究生 研究室 研究所 研究院
研究员 研讨会 堰塞湖 养老金 养殖场 养殖业 邀请赛 冶金部 一般人
一辈子 一部分 一次性 一大步 一大批 一刀切 一等功 一等奖 一等品
一方面 一会儿 一季度 一句话 一口气 一篮子 一路上 一起抓 一生中
一体化 一条街 一条龙 一条心 一系列 一下子 一月份 一整套 医疗队
以至于 艺术家 艺术节 艺术团 意识到 意味着 议定书 音乐会 银川市
银质奖 饮食业 应用于 营业额 营业税 营业员 硬骨头 永久性 优胜者
优秀奖 优越性 邮电局 有待于 有的是 有计划 有赖于 有利于 有损于
有效地 有效率 有效期 有益于 有志气 有助于 友谊赛 幼儿园 舆论界
与会者 预算内 预选赛 原材料 原地区 原计划 原则上 原则性 原子弹
原子能 远距离 越来越 云南省 运动会 运动员 再生产 再一次 责任感
责任书 责任心 责任制 增长率 展览会 展示会 展销会 占优势 占有量
战斗力 招待会 招待所 这几年 这件事 这一点 浙江省 针对性 争夺战
正常化 正处于 正规化 正确地 政府间 政治部 政治家 政治局 政治上
郑州市 支持下 支持者 知名度 知识性 直辖市 执委会 执政党 指导下
指导员 指挥部 指挥官 致公党 致力于 志愿者 制造业 质量关 中顾委
中国队 中国人 中纪委 中科院 中联部 中南海 中青年 中上游 中小型
中小学 中宣部 中学生 中医药 中组部 种植业 重工业 重要性 主办者
主持人 主动性 主动权 主教练 主力军 主人翁 主席令 主席台 主席团
注意力 专家组 专业户 专业化 准确率 着眼于 子弟兵 自动化 自觉性
自主权 自来水 自行车 自由泳 自治区 自治州 综合性 总编辑 总产量
总产值 总成绩 总方针 总工会 总攻击 总公司 总规模 总价值 总教练
总经理 总面积 总目标 总人口 总人数 总收入 总书记 总司令 总体上
总投资 总协定 总需求 总医院 总支出 总指挥 走过场 走后门 走极端
走私案 走私犯 走弯路 组委会 组织部 组织上 组织者 最低点 最高峰
最高级 做好事 做文章 座谈会

三、四音节词连贯录入练习

要求录入时按照××××××××的节奏进行，速度达到每分钟 80 字以上。

1. 第一组

爱憎分明 安然无恙 按图索骥 傲然屹立 安步当车 安土重迁
嗷嗷待哺 跋山涉水 百发百中 稗官野史 半身不遂 暴殄天物
卑躬屈膝 闭目塞听 鞭辟入里 便宜行事 别无长物 病入膏肓
擘肌分理 捕风捉影 不分畛域 不甘寂寞 不稼不穑 不绝如缕

不可磨灭　不落窠臼　不屈不挠　不塞不流　不肖子孙　不屑一顾
不省人事　沧海一粟　参差不齐　差强人意　姹紫嫣红　车载斗量
瞠目结舌　嗤之以鼻　叱咤风云　出言不逊　吹毛求疵　垂涎欲滴
绰约多姿　厝火积薪

2. 第二组

大放厥词　大腹便便　大谬不然　大巧若拙　大义凛然　大张挞伐
殚精竭虑　箪食壶浆　当头棒喝　喋喋不休　短小精悍　断井颓垣
对簿公堂　咄咄逼人　阿谀奉承　尔虞我诈　耳鬓厮磨　发人深省
繁文缛节　犯而不校　方兴未艾　放浪形骸　飞扬跋扈　斐然成章
分道扬镳　风尘仆仆　风流倜傥　风雨如晦　封妻荫子　腹诽心谤
改弦更张　概莫能外　刚愎自用　刚直不阿　高屋建瓴　槁木死灰
各奔前程　亘古未有　功亏一篑　觥筹交错　蛊惑人心　瓜熟蒂落
鳏寡孤独　管中窥豹　光风霁月　海市蜃楼　含情脉脉　含英咀华
汗流浃背　沆瀣一气　好逸恶劳　涸泽而渔　怙恶不悛

3. 第三组

济济一堂　戛然而止　矫揉造作　矫枉过正　嗟来之食　近在咫尺
泾渭分明　开门揖盗　侃侃而谈　恪守不渝　枯木逢春　苦心孤诣
脍炙人口　岿然不动　良莠不齐　鳞次栉比　流金铄石　绿林好汉
麻痹大意　茅塞顿开　扪心自问　靡靡之音　民怨沸腾　明眸皓齿
没齿不忘　模棱两可　莫衷一是　秣马厉兵　宁缺毋滥　弄巧成拙
奴颜婢膝　呕心沥血　否极泰来　破绽百出　杞人忧天　千载难逢
前倨后恭　锲而不舍　倾箱倒箧　罄竹难书　茕茕孑立　趋炎附势
曲高和寡　确凿不移　人心叵测　忍俊不禁　如法炮制　乳臭未干
弱不禁风　塞翁失马　三缄其口　色厉内荏　少不更事　深恶痛绝
审时度势　矢口否认　始作俑者　舐犊情深　夙兴夜寐　忐忑不安
韬光养晦　恬不知耻　同仇敌忾　推本溯源　退避三舍　唾手可得

4. 第四组

纨绔子弟　万马齐喑　万事亨通　未雨绸缪　无的放矢　毋庸置疑
相形见绌　心宽体胖　休戚相关　烜赫一时　徇私舞弊　睚眦必报
揠苗助长　言简意赅　奄奄一息　杳无音信　要言不烦　一唱一和
一蹶不振　一脉相承　一模一样　一曝十寒　一气呵成　一丘之貉
一应俱全　一语破的　衣锦还乡　贻笑大方　颐指气使　引吭高歌
蝇营狗苟　有条不紊　余音绕梁　余勇可贾　越俎代庖　运筹帷幄
载歌载舞　振聋发聩　钟灵毓秀　煮豆燃萁　惴惴不安　自惭形秽
自出机杼　自给自足　自怨自艾　纵横捭阖

任务三 普通文章看打训练

【任务目标】

体会整句输入法的优越性，培养按整句输入的习惯，使录入速度达到每分钟 100 字以上。

【建议学时】

2～6 学时。

【任务内容】

普通文章是指在当前的语言生活中出现频率较高的常见文章。这类文章中的句子出现频率高、应用频繁、结构相对固定。在普通文章看打练习阶段，要求整句录入，一气呵成地打完一句再上屏。同时，只要音打得对，即使显示条显示的字不对也不要担心会打错，更不要立即删掉重打，要坚定不移地打下去，相信整句一定会对。

一、格言录入练习

打开金山打字通 2010 的“拼音打字/文章练习”窗口，如图 2－4 所示。

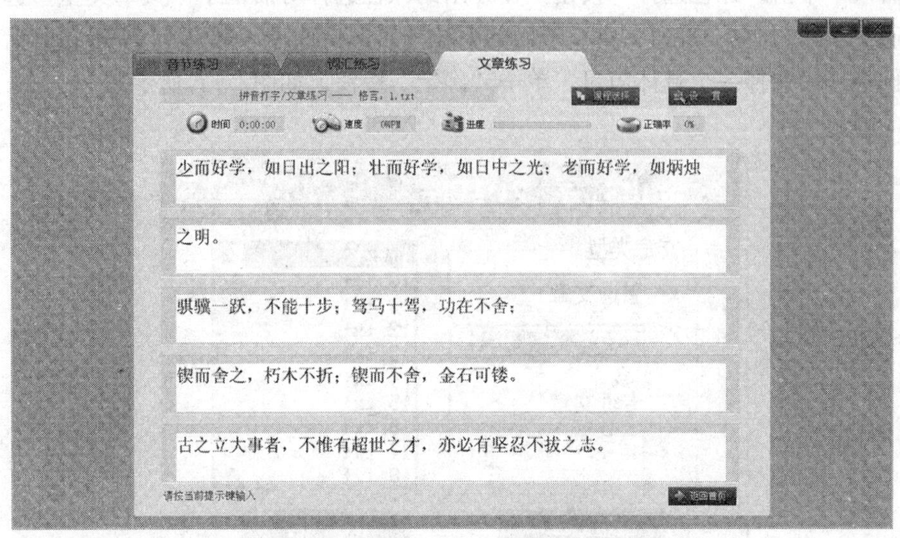

图 2－4 金山打字通 2010 拼音打字文章练习窗口

在窗口中单击“课程选择”按钮，在弹出的课程选择对话框中“文章类型”选择区选择“普通文章”，并在“普通文章”下面的下拉列表框中选择“格言”，然后在对话框右侧的篇目选择框中选择一个具体篇目，单击“确定”按钮，如图 2-5 所示。

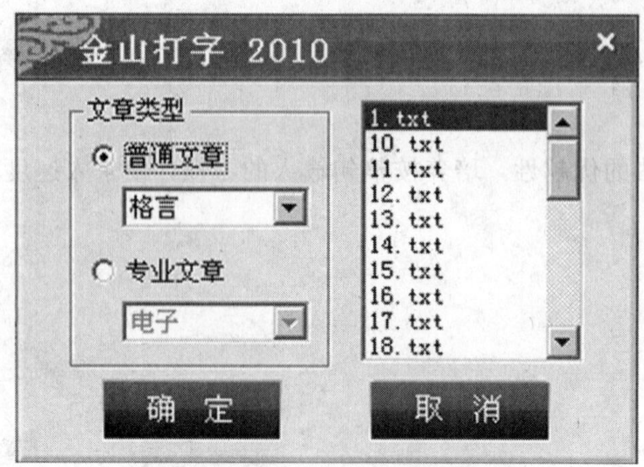

图 2-5 课程选择对话框—格言

根据屏幕提示录入所选文章，建议练习时间 15 分钟，要求录入速度达到每分钟 80 字以上，正确率达到 98%以上。

二、散文录入练习

打开金山打字通 2010 的“拼音打字/文章练习”窗口。

在窗口中单击“课程选择”按钮，在弹出的课程选择对话框中“文章类型”选择区选择“普通文章”，并在“普通文章”下面的下拉列表框中选择“散文”，然后在对话框右侧的篇目选择框中选择一个具体篇目，单击“确定”按钮，如图 2-6 所示。

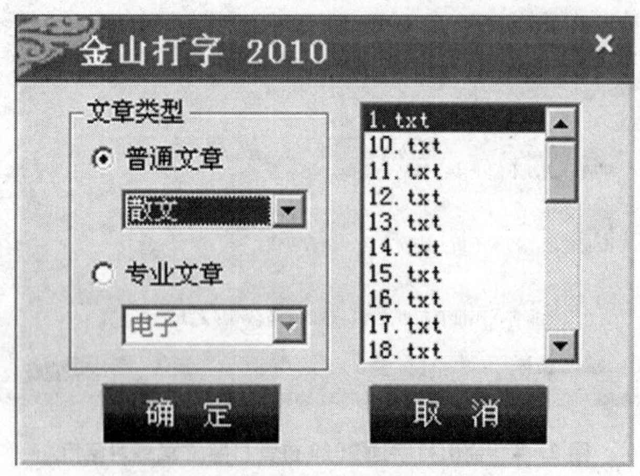

图 2-6 课程选择对话框—散文

根据屏幕提示录入所选文章，建议练习时间 15 分钟，要求录入速度达到每分钟 80 字以上，正确率达到 98%以上。

三、诗歌录入练习

打开金山打字通 2010 的“拼音打字/文章练习”窗口。

在窗口中单击“课程选择”按钮，在弹出的课程选择对话框中“文章类型”选择区选择“普通文章”，并在“普通文章”下面的下拉列表框中选择“诗歌”，然后在对话框右侧的篇目选择框中选择一个具体篇目，单击“确定”按钮，如图 2－7 所示。

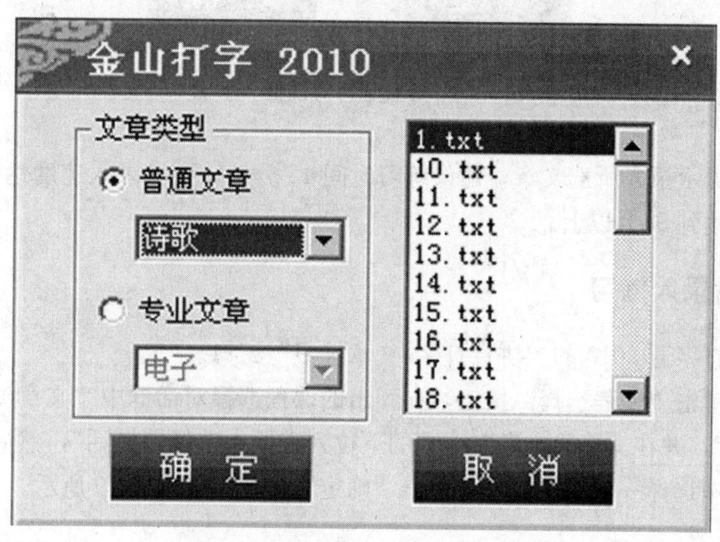

图 2－7　课程选择对话框—诗歌

根据屏幕提示录入所选文章，建议练习时间 15 分钟，要求录入速度达到每分钟 90 字以上，正确率达到 98%以上。

四、小说录入练习

打开金山打字通 2010 的“拼音打字/文章练习”窗口。

在窗口中单击“课程选择”按钮，在弹出的课程选择对话框中“文章类型”选择区选择“普通文章”，并在“普通文章”下面的下拉列表框中选择“小说”，然后在对话框右侧的篇目选择框中选择一个具体篇目，单击“确定”按钮，如图 2－8 所示。

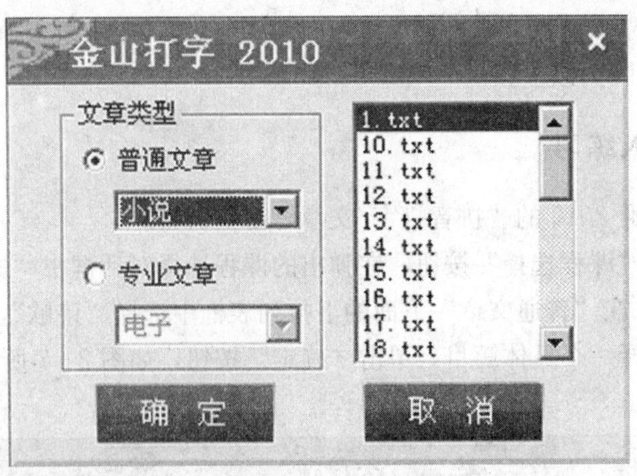

图 2-8　课程选择对话框—小说

根据屏幕提示录入所选文章，建议练习时间 15 分钟，要求录入速度达到每分钟 90 字以上，正确率达到 98%以上。

五、笑话录入练习

打开金山打字通 2010 的“拼音打字/文章练习”窗口。

在窗口中单击“课程选择”按钮，在弹出的课程选择对话框中“文章类型”选择区选择“普通文章”，并在“普通文章”下面的下拉列表框中选择“笑话”，然后在对话框右侧的篇目选择框中选择一个具体篇目，单击“确定”按钮，如图 2-9 所示。

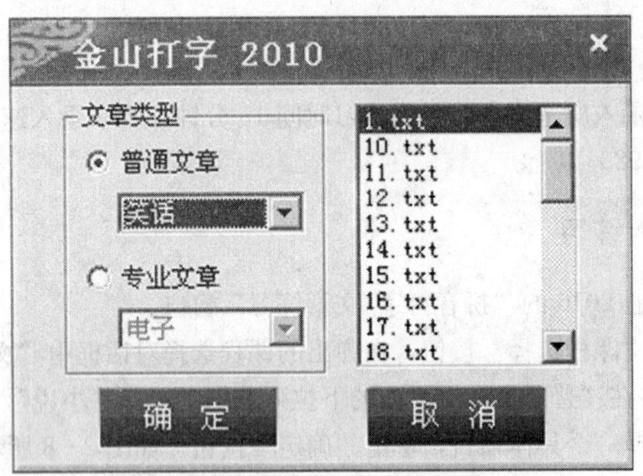

图 2-9　课程选择对话框—笑话

根据屏幕提示录入所选文章，建议练习时间 15 分钟，要求录入速度达到每分钟 100 字以上，正确率达到 98%以上。

六、杂项录入练习

打开金山打字通 2010 的“拼音打字/文章练习”窗口。

在窗口中单击“课程选择”按钮，在弹出的课程选择对话框中“文章类型”选择区选择“普通文章”，并在“普通文章”下面的下拉列表框中选择“杂项”，然后在对话框右侧的篇目选择框中选择一个具体篇目，单击“确定”按钮，如图 2-10 所示。

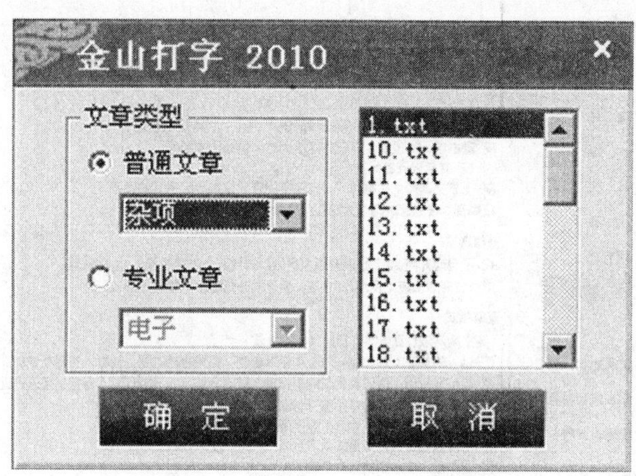

图 2-10　课程选择对话框—杂项

根据屏幕提示录入所选文章，建议练习时间 15 分钟，要求录入速度达到每分钟 100 字以上，正确率达到 98%以上。

任务四　使用自定义功能提高录入速度

【任务目标】

通过自定义功能的设置和使用，有效地提高录入速度。

【建议学时】

2 学时。

【任务内容】

充分利用智能拼音输入的自定义功能，不仅可以大幅度提高录入速度，还可以方便办公操作，把词库改造成各种实用的数据库。下面以搜狗拼音输入法为例，介绍智能拼音输入法的自定义功能。

一、自定义短语

(一)操作步骤

第一步,单击语言栏中的“菜单”按钮,在弹出的菜单中选择“设置属性”命令,打开“搜狗拼音输入法设置”对话框。

第二步,在对话框中单击“高级”标签,显示“高级”选项卡,如图 2-11 所示。

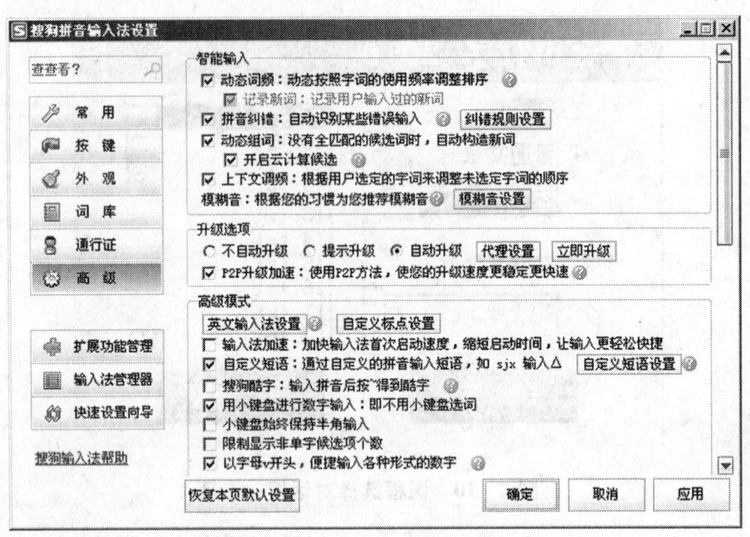

图 2-11 搜狗拼音输入法的高级设置选项卡

第三步,在选项卡的“高级模式”设置区中,勾选“自定义短语”前的复选框,然后单击“自定义短语设置”按钮,打开“自定义短语设置”对话框,如图 2-12 所示。

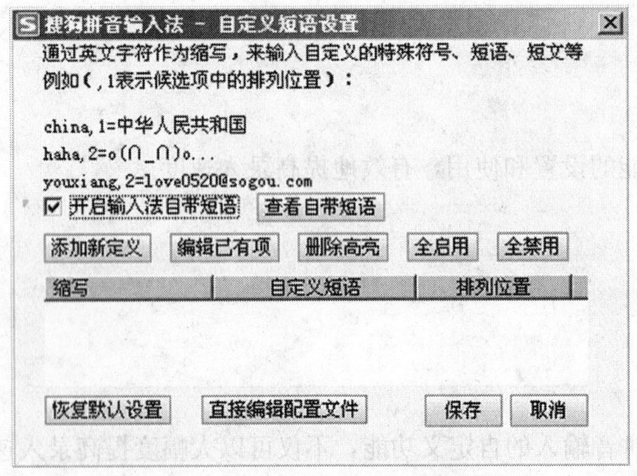

图 2-12 自定义短语设置对话框

第四步，单击“添加新定义”按钮，打开“添加自定义短语”对话框，如图 2－13 所示。

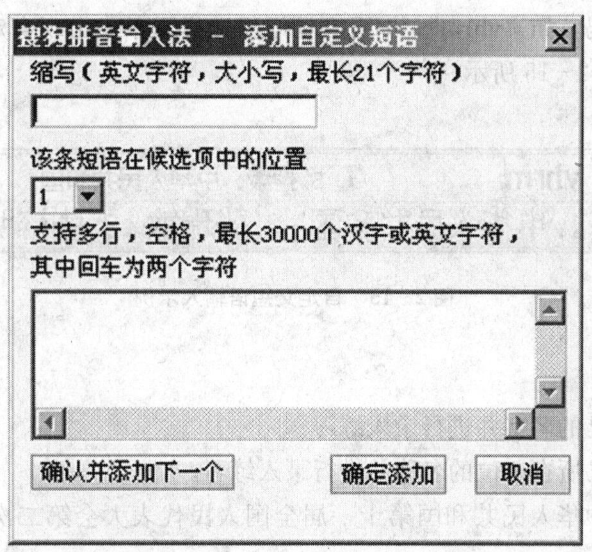

图 2－13　添加自定义短语对话框

第五步，在“缩写”输入框中输入自定义短语的英文字符代码（不超过 21 个字符），如“vhrm”。在“该条短语在候选项中的位置”选择框中选择自定义短语在词语候选提示条中的位置，如“1”。在内容输入框中输入自定义短语的内容，如“中华人民共和国”。

第六步，单击“确定添加”按钮，返回“自定义短语设置”对话框，刚才设置的自定义短语及其代码、位置出现在内容框中，如图 2－14 所示。

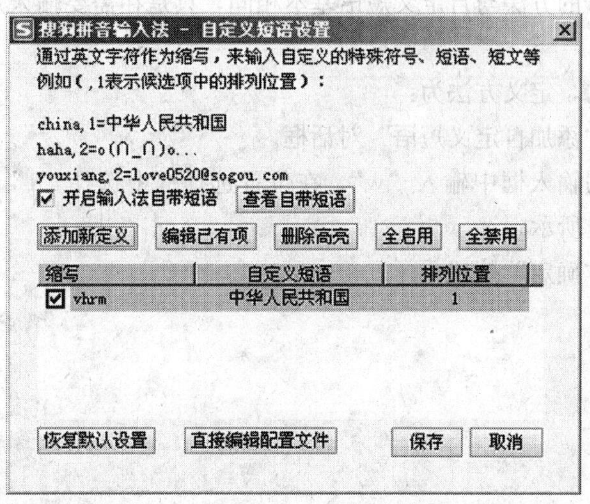

图 2－14　自定义短语设置效果示例

第七步，单击“添加新定义”，可以继续设置新的自定义短语。单击“保存”按钮，可以保存前面设置的自定义短语，并返回“高级”设置选项卡。

第八步，单击“高级”设置选项卡中的“确定”按钮，即可完成自定义短语设置。输入自定义的短语代码，如“vhrm”，即可在词语候选提示条中出现自定义短语，如“中华人民共和国”，如图 2－15 所示。

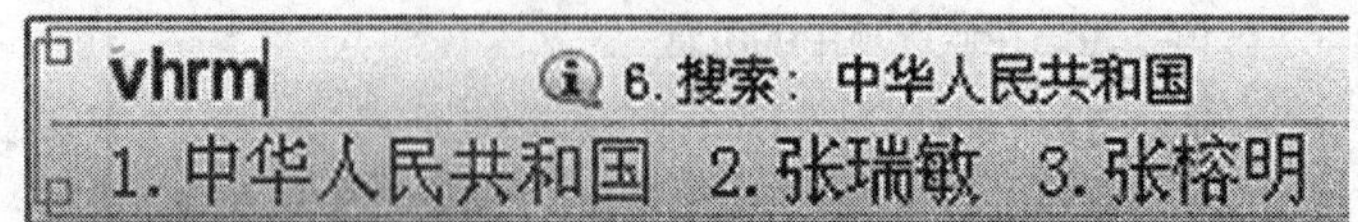

图 2－15 自定义短语输入示例

（二）课堂练习

（1）自定义自己的名字并进行录入练习。

（2）自定义自己所在单位的名称并进行录入练习。

（3）自定义“中华人民共和国第十一届全国人民代表大会第二次会议”并进行录入练习。

（4）自定义一首诗词，并进行录入练习。

二、自定义特殊符号

在高速录入时，有些标点符号需要使用上档键，这样就在一定程度上影响了录入速度。如果通过自定义功能，把这些标点符号定义成一个键位就能完成输入，就能够在很大程度上提高我们的录入速度。

（一）定义方法

自定义特殊符号的方法与自定义短语基本相同，只是在需要输入短语的地方输入特殊符号即可。

如定义 w=【?】，定义方法为：

第一步，打开“添加自定义短语”对话框。

第二步，在缩写输入框中输入“w”，在位置选择框中选择“1”，在短语输入框中输入“?”，如图 2－16 所示。

第三步，单击“确定”按钮。

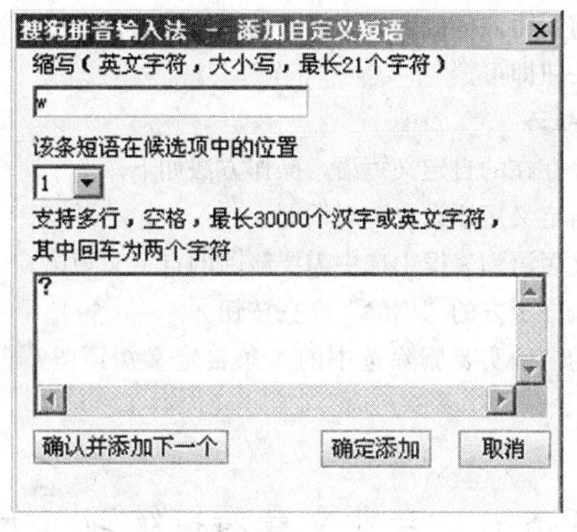

图 2－16 自定义特殊符号示例

（二）课堂练习

自定义下列符号，并进行输入练习。

g=【!】；m=【:】；q=【%】；j=【→】。

三、自定义短语的修改和删除

（一）修改自定义短语

如果需要对已经定义好的短语进行修改，操作步骤如下。

第一步，打开“自定义短语设置”对话框。

第二步，在自定义短语列表框中选择需要修改的对象，并单击列表框上方的“编辑已有项”按钮，打开“短语编辑”对话框，如图 2－17 所示。

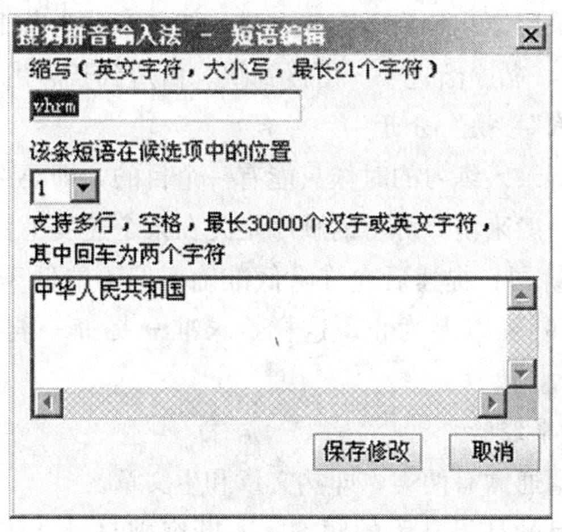

图 2－17 短语编辑对话框

第三步，在“缩写”输入框或者短语输入框中对缩写符号或者短语内容进行修改，然后单击“保存修改”按钮即可。

（二）删除自定义短语

如果需要删除已经存在的自定义短语，操作方法如下。

第一步，打开“自定义短语设置”对话框。

第二步，在自定义短语列表框中选中需要删除的自定义短语。

第三步，单击列表框上方的“删除”高亮按钮。

第四步，在弹出的“确实要删除选中的 1 条自定义短语吗?”对话框中单击“确定”按钮。

任务五　专业文章看打练习（上）

【任务目标】

掌握专业文章看打的一般性技巧，将录入速度提高到每分钟 120 字以上。

【建议学时】

2～6 学时。

【任务内容】

一、看打技巧

（一）化整为零，循序渐进

录入长文章时，应采用“化整为零”的方法，把文章分为若干段（如按自然段或更短的段），一段一段地提速，循序渐进——由慢到快、由短到长、由易到难。

（二）目的明确，“准”“快”分开

一篇文章，每次进行录入练习的时候只能有一个目的，即要么以“求准”为目的，要么以“求快”为目的。一般来说，练习的顺序是先在某个速度上做“求准”练习，达到准确率 98%后，再做提速练习，提速后允许降低准确率但不能低于 70%，然后再做求准练习，直到准确率恢复到 95%以上为止。这样，求准→提速→再求准→再提速，直到又快又准。

（三）生熟结合，积累经验

用于看打练习的文章通常有两类，即熟文章和生文章。

看打熟文章的主要目的是提高手的频率，不断突破自己。从开始练习录入文章的时候，就应有目的地选择一篇 300 字左右的文章作为熟文章来练习，争取练到每分钟

150 字。

看打生文章的主要目的是积累不连贯词句。积累不连贯词句的方法有以下两种。

第一，遇到打不通顺的语句，不要接着往下打，要把此语句打通顺为止，并找出打不通顺的原因，牢记是“怎么克服的”。

第二，打过的文章要查错，查到错误，不是简单地修改错字、错词，而是要把含有错误的语句打通顺，并把常见的有规律的不连贯语句提炼出来、积累起来，经常地练习、巩固，这样打熟练语句的能力就会越来越强。

二、电子类专业文章看打练习

打开金山打字通 2010 的“拼音打字/文章练习”窗口。

在窗口中单击“课程选择”按钮，在弹出的课程选择对话框中“文章类型”选择区选择“专业文章”，并在“专业文章”下面的下拉列表框中选择“电子”，然后在对话框右侧的篇目选择框中选择一个具体篇目，单击“确定”按钮，如图 2-18 所示。

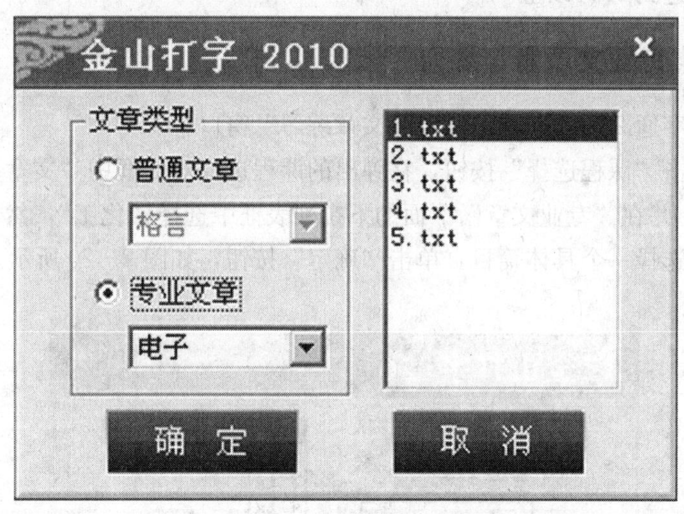

图 2-18 课程选择对话框—电子

根据屏幕提示录入所选文章，建议练习时间 15 分钟，要求录入速度达到每分钟 110 字以上，正确率达到 98%以上。

三、法律类专业文章看打练习

打开金山打字通 2010 的“拼音打字/文章练习”窗口。

在窗口中单击“课程选择”按钮，在弹出的课程选择对话框中“文章类型”选择区选择“专业文章”，并在“专业文章”下面的下拉列表框中选择“法律”，然后在对话框右侧的篇目选择框中选择一个具体篇目，单击“确定”按钮，如图 2-19 所示。

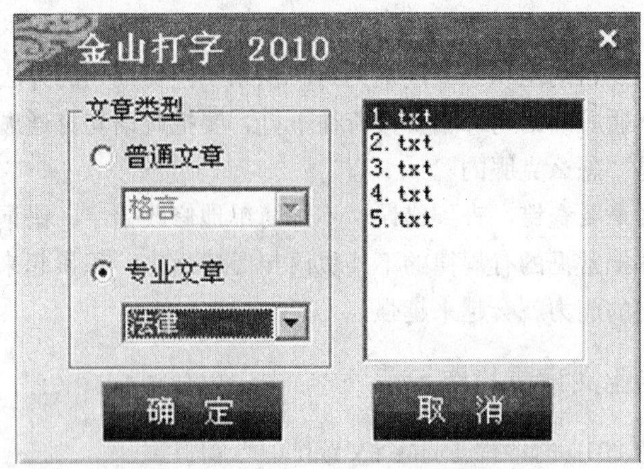

图 2-19 课程选择对话框—法律

根据屏幕提示录入所选文章，建议练习时间 15 分钟，要求录入速度达到每分钟 110 字以上，正确率达到 98%以上。

四、化工类专业文章看打练习

打开金山打字通 2010 的“拼音打字/文章练习”窗口。

在窗口中单击“课程选择”按钮，在弹出的课程选择对话框中“文章类型”选择区选择“专业文章”，并在“专业文章”下面的下拉列表框中选择“化工”，然后在对话框右侧的篇目选择框中选择一个具体篇目，单击“确定”按钮，如图 2-20 所示。

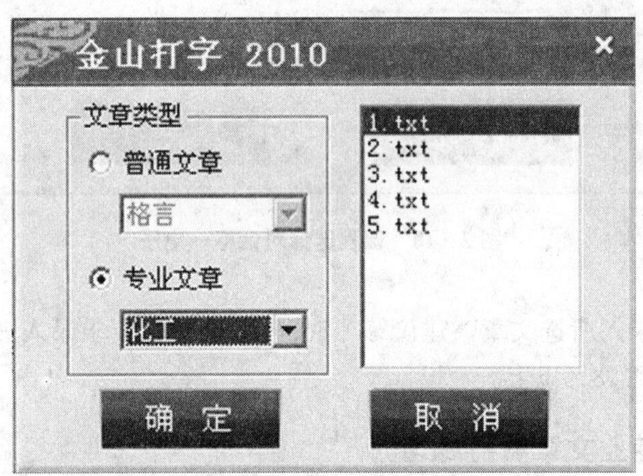

图 2-20 课程选择对话框—化工

根据屏幕提示录入所选文章，建议练习时间 15 分钟，要求录入速度达到每分钟 110 字以上，正确率达到 98%以上。

五、机械类专业文章看打练习

打开金山打字通 2010 的“拼音打字/文章练习”窗口。

在窗口中单击“课程选择”按钮，在弹出的课程选择对话框中“文章类型”选择区选择“专业文章”，并在“专业文章”下面的下拉列表框中选择“机械”，然后在对话框右侧的篇目选择框中选择一个具体篇目，单击“确定”按钮，如图 2-21 所示。

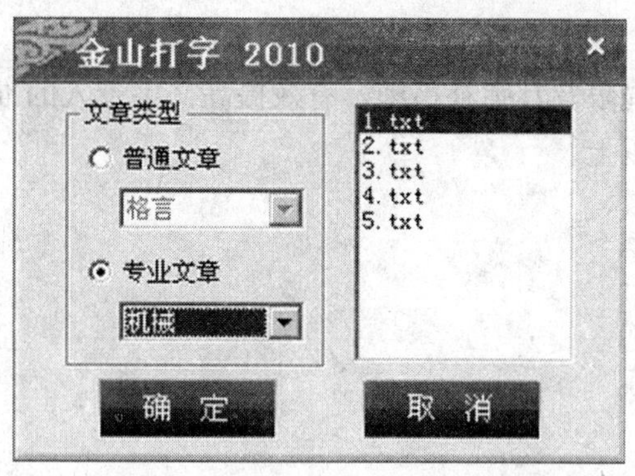

图 2-21 课程选择对话框—机械

根据屏幕提示录入所选文章，建议练习时间 20 分钟，要求录入速度达到每分钟 120 字以上，正确率达到 98%以上。

六、计算机类专业文章看打练习

打开金山打字通 2010 的“拼音打字/文章练习”窗口。

在窗口中单击“课程选择”按钮，在弹出的课程选择对话框中“文章类型”选择区选择“专业文章”，并在“专业文章”下面的下拉列表框中选择“计算机”，然后在对话框右侧的篇目选择框中选择一个具体篇目，单击“确定”按钮，如图 2-22 所示。

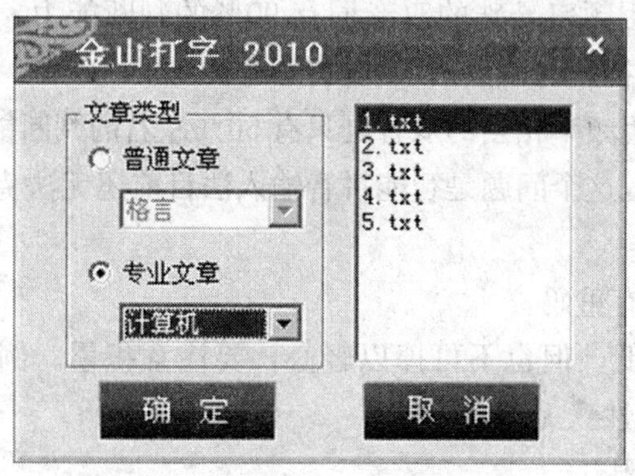

图 2-22 课程选择对话框—计算机

根据屏幕提示录入所选文章，建议练习时间 20 分钟，要求录入速度达到每分钟 120 字以上，正确率达到 98%以上。

任务六　专业文章看打练习（下）

【任务目标】

熟悉智能输入法的局限及其弥补措施，有效提高文字录入的准确率和速度，把录入速度提高到每分钟 140 字以上。

【建议学时】

2～6 学时。

【任务内容】

一、看打提速技巧

（一）了解智能输入法的局限

用智能输入法录入一般性文章，如果使用整句输入方法，大部分句子可以做到 100% 正确。但对于小说、散文来说，断点就较多，如果打古文，断点则要占到一半以上。产生断点的主要原因有以下几点。

1. 无单字判断能力

例如，要打“是”字，词条中会出现“是”“事”“时”“使”等多个多音字，由于缺乏定位条件或定位条件不充分，以至于不能使字词的选择唯一化。

2. 双音词判断能力表现不一

对于没有同音词的双音词有 100%的判断能力，如“安全”“人民”“楼房”。

对于有同音词但使用频率悬殊的双音词有 90%的判断能力，如“国家”与“郭家”，“速录”与“苏鲁”，“电视”与“点式”“电石”等。

对于有同音词且使用频率相当的双音词只有 50%左右的判断能力，如“事实”与“实施”“实时”“适时”等。这个问题是智能拼音输入法目前还无法克服的问题，只能靠人工选择。

3. 个别三音节词也有重码

三音节词重码率极低，但也不可掉以轻心，要注意积累。例如：紧要事（金钥匙），极低的（基地的），物理性（无理性）等。

4. 智能控制长度有限

在使用智能输入法进行整句输入的过程中，随着输入字数的增多，前面的字会进行动态调整，以求字与字之间在逻辑上的一致性。例如输入“人的名字”这四个字的时候，输入前两个字的代码，屏幕提示为“认得”；输入第三个字的代码时，第一个字变成“人”，第二个字变成“的”，屏幕提示变成“人的命”；输入第四个字的代码时，第三个字变成“名”，屏幕提示变成“人的名字”。如图 2-23 所示。

图 2-23 智能控制过程示例

但是它的智能控制长度并不是无限的，一般来说，当输入的字数超过 5 个时，前面的错字就没有希望变对了。

(二) 适时采用断句打法

所谓断句打法，是指为了弥补智能输入法中智能控制长度有限的不足，在输入过程中把一个比较长的句子分成若干个片段分别上屏，以避免可能造成的输入错误。

二、经贸类专业文章看打练习

打开金山打字通 2010 的“拼音打字/文章练习”窗口。

在窗口中单击“课程选择”按钮，在弹出的课程选择对话框中“文章类型”选择区选择“专业文章”，并在“专业文章”下面的下拉列表框中选择“经贸”，然后在对话框右侧的篇目选择框中选择一个具体篇目，单击“确定”按钮，如图 2-24 所示。

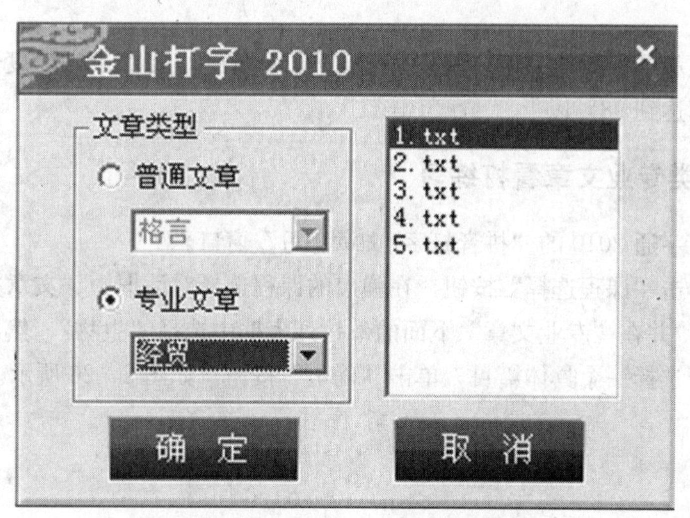

图 2-24 课程选择对话框—经贸

根据屏幕提示录入所选文章，建议练习时间 15 分钟，要求录入速度达到每分钟 130 字以上，正确率达到 98%以上。

三、农业类专业文章看打练习

打开金山打字通 2010 的“拼音打字/文章练习”窗口。

在窗口中单击“课程选择”按钮，在弹出的课程选择对话框中“文章类型”选择区选择“专业文章”，并在“专业文章”下面的下拉列表框中选择“农业”，然后在对话框右侧的篇目选择框中选择一个具体篇目，单击“确定”按钮，如图 2－25 所示。

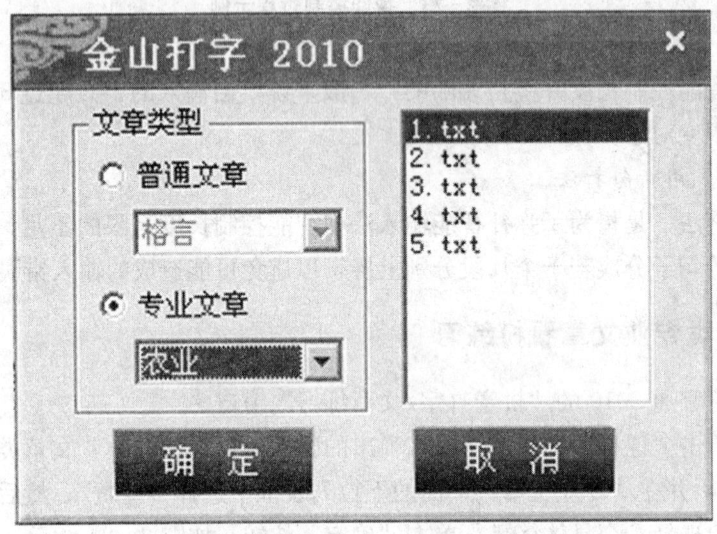

图 2－25 课程选择对话框—农业

根据屏幕提示录入所选文章，建议练习时间 15 分钟，要求录入速度达到每分钟 130 字以上，正确率达到 98%以上。

四、生物类专业文章看打练习

打开金山打字通 2010 的“拼音打字/文章练习”窗口。

在窗口中单击“课程选择”按钮，在弹出的课程选择对话框中“文章类型”选择区选择“专业文章”，并在“专业文章”下面的下拉列表框中选择“生物”，然后在对话框右侧的篇目选择框中选择一个具体篇目，单击“确定”按钮，如图 2－26 所示。

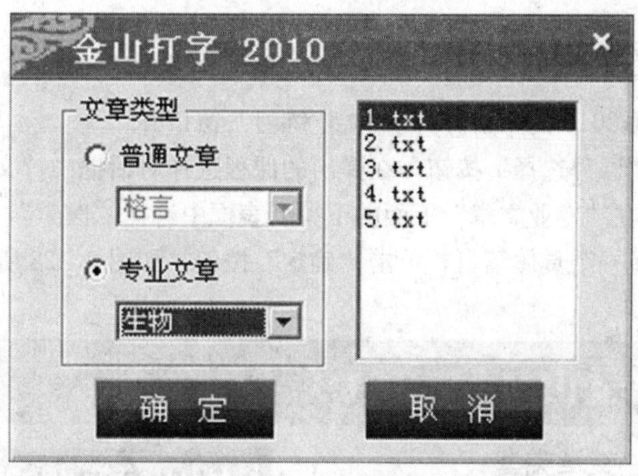

图 2－26　课程选择对话框—生物

根据屏幕提示录入所选文章，建议练习时间 15 分钟，要求录入速度达到每分钟 130 字以上，正确率达到 98%以上。

五、石油类专业文章看打练习

打开金山打字通 2010 的“拼音打字/文章练习”窗口。

在窗口中单击“课程选择”按钮，在弹出的课程选择对话框中“文章类型”选择区选择“专业文章”，并在“专业文章”下面的下拉列表框中选择“石油”，然后在对话框右侧的篇目选择框中选择一个具体篇目，单击“确定”按钮，如图 2－27 所示。

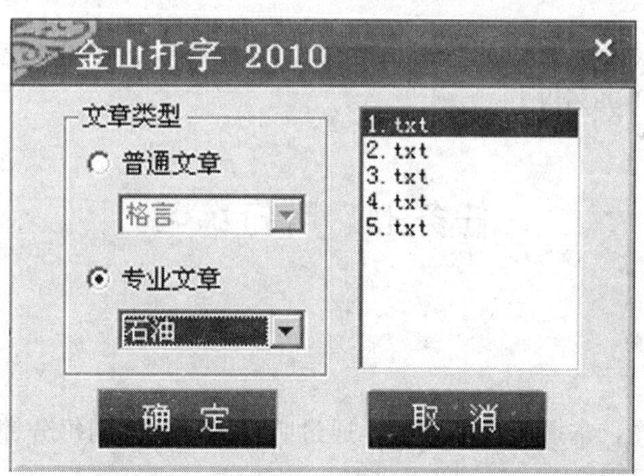

图 2－27　课程选择对话框—石油

根据屏幕提示录入所选文章，建议练习时间 20 分钟，要求录入速度达到每分钟 140 字以上，正确率达到 98%以上。

六、医学类专业文章看打练习

打开金山打字通 2010 的“拼音打字/文章练习”窗口。

在窗口中单击“课程选择”按钮，在弹出的课程选择对话框中“文章类型”选择区选择“专业文章”，并在“专业文章”下面的下拉列表框中选择“医学”，然后在对话框右侧的篇目选择框中选择一个具体篇目，单击“确定”按钮，如图 2-28 所示。

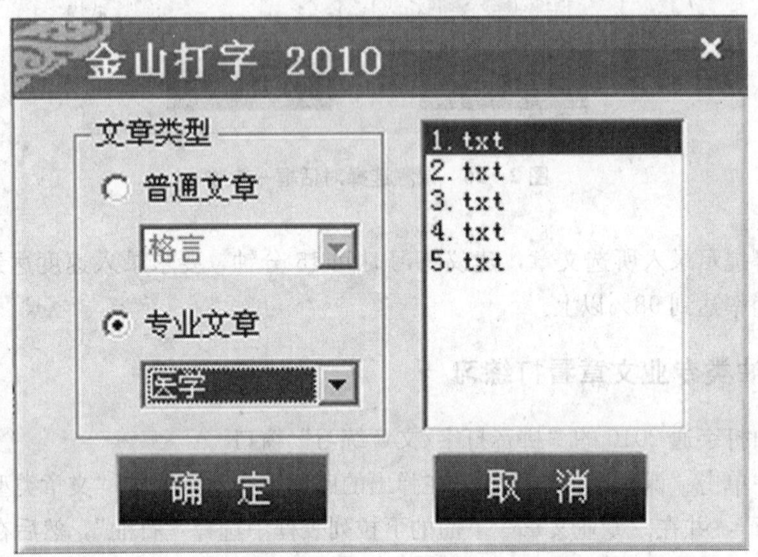

图 2-28 课程选择对话框—医学

根据屏幕提示录入所选文章，建议练习时间 20 分钟，要求录入速度达到每分钟 140 字以上，正确率达到 98%以上。

任务七 听打练习

【任务目标】

了解听打的概念，掌握听打的方法，通过听打练习，达到每分钟 140 字以上的听打速度。

【建议学时】

2～6 学时。

【任务内容】

一、听打的概念和方法

（一）听打的概念

所谓听打，就是一边倾听别人的讲话，一边在计算机上把别人的讲话内容录入，变成文字稿。因此，听打和看打有着比较大的差别。看打是只要认识稿子上的文字就可以完成录入，不管是否能看得懂，而听打则必须首先能听得懂，才能打得出。

听打是文化素质、文学基础、社会科学和自然科学各种知识的口语响应能力和文字表达能力的综合。比如，要完成前中国国民党主席连战来北京大学的讲话录入，第一，要有好的文字功底；第二，要有好的文学功底；第三，要有丰厚的社会人文知识（政府政界知识、地理和历史知识），还要懂《易经》和外语。没有这些知识，就不可能听懂、打对。

（二）听打的基本要求

1. 打能成句

打能成句是听打的最基本要求，要求没有病句、没有半句。

2. 正确运用标点

最起码会用“四号”：冒号（：），逗号（，），句号（。），引号（“”），尤其要学会积累带引号的词，如“三个代表”“三农”“两个确保”“全国一盘棋”等。

3. 学会换行

换个人物讲话要另起一行。

换个意思要另起一行。

换个标题要另起一行。

按时间讲述的内容，换个时间要另起一行。

按事件讲述的内容，换个事件要另起一行。

按地点讲述的内容（如旅游景区），换个地点要另起一行。

需要特别强调的内容，要另起一行。

（三）听打的基本原则

1. 分清主次

听打过程中，宁可丢字不可丢意思；宁可丢次要的，不要丢主要的，尤其不要丢关键点。

2. 盯句不盯字

听打讲话时，千万不要盯着讲话的每一个单字去打，要盯着每个句子或者意思去打。

二、初级听打练习

（一）每分钟80字听打练习

利用本书资料包提供的听力材料进行听打训练，可不打标点符号，要求文字正确率不低于 98%。

文字稿：

战胜国际金融危机的严重冲击，做好明年经济工作，对于维护改革发展稳定大局，推进全面建设小康社会进程，具有十分重要的意义。深入贯彻落实科学发展观，立足扩大内需保持经济平稳较快增长，加快发展方式转变和结构调整，提高可持续发展能力，深化改革开放，增强经济、社会发展活力和动力，加强社会建设，加快解决涉及群众利益的难点热点问题，促进经济社会又好又快发展。

在充分肯定成绩的同时，必须清醒地看到，受国际金融危机快速蔓延和世界经济增长明显减速的影响，加上我国经济生活中尚未解决的深层次矛盾和问题，目前我国经济运行中的困难增加，经济下行压力加大，企业经营困难增多，保持农业稳定发展、农民持续增收难度加大。

（二）每分钟 100 字听打练习

利用本书资料包提供的听力材料进行听打训练，可不打标点符号，要求文字正确率不低于 98%。

文字稿：

解放思想是党的思想路线的本质要求，是我们应对前进道路上各种新情况、新问题，不断开创事业新局面的一大法宝，必须坚定不移地加以坚持。改革开放是解放和发展社会生产力、不断创新充满活力的体制、机制的必然要求，是发展中国特色社会主义的强大动力，必须坚定不移地加以推进。科学发展、社会和谐是发展中国特色社会主义的基本要求，是实现经济、社会又好又快发展的内在需要，必须坚定不移地加以落实。全面建设小康社会，是我们党和国家到 2020 年的奋斗目标，是全国各族人民根本利益所在，必须坚定不移地为之奋斗。做到这四个坚定不移，对保持党和国家事业顺利发展的大局至关重要。

（三）每分钟 110 字听打练习

利用本书资料包提供的听力材料进行听打训练，要求打出标点符号，文字正确率不低于 95%。

文字稿：

1. 第一篇

在当前国际国内形势下，我国发展面临的机遇前所未有，面对的挑战也前所未有；既有许多有利条件，也有不少不利因素，关键看我们工作做得怎么样。我们要清醒认识当今世界和当代中国发展的大势，全面把握我国发展的新要求和人民群众的新期待，认真总结我们党治国理政的实践经验，科学制定适应时代要求和人民愿望的行动纲领和大政方针，从新的历史起点出发，带领人民继续全面建设小康社会、加快推进社会主义现代化，完成时代赋予的崇高使命。

改革开放，是我们党在新的时代条件下带领人民进行的一次新的伟大革命。新时期 29 年来，我国改革开放和社会主义现代化建设的成就举世瞩目。事实雄辩地证明，改革开放是发展中国特色社会主义、实现中华民族伟大复兴的必由之路。改革开放以来，我们党带领人民开辟了中国特色社会主义道路，这条道路之所以正确，之所以能够引领中国发展进步，关键在于我们既坚持了科学社会主义的基本原则，又根据我国实际赋予其鲜明的中国特色，我们要继续深化对中国特色社会主义的研究和探索，努力使中国特色社会主义道路越走越宽广。

2. 第二篇

新世纪新阶段，我国发展站在了新的历史起点上，我们必须科学分析我国全面参与经济全球化的新机遇、新挑战，深刻把握工业化、城镇化、市场化、国际化深入发展形势下，我国各项事业发展面临的新课题、新矛盾，深入贯彻落实科学发展观，更加自觉地促进科学发展，奋力开拓中国特色社会主义更为广阔的发展前景。长期以来，以毛泽东同志、邓小平同志、江泽民同志为核心的党的三代中央领导集体，带领我们党不断探索和研究建设社会主义这个重大问题，取得了重要成果。党的十六大以来，党中央继承和发展党的三代中央领导集体关于发展的重要思想，提出了科学发展观。

科学发展观，第一要义是发展，核心是以人为本，基本要求是全面协调可持续，根本方法是统筹兼顾。发展，对于全面建设小康社会、加快推进社会主义现代化具有决定性意义。解放和发展社会生产力始终是社会主义的根本任务，要牢牢扭住经济建设这个中心，为发展中国特色社会主义打下坚实的物质基础。我们党的根本宗旨是，全心全意为人民服务，党的一切奋斗和工作都是为了造福人民，要始终把实现好、维护好、发展好最广大人民的根本利益，作为党和国家一切工作的出发点和落脚点，做到发展为了人民，发展依靠人民，发展成果由人民共享。

三、中级听打练习

（一）每分钟 120 字听打练习

利用本书资料包提供的听力材料进行听打训练，要求打出标点符号，文字正确率不低于 95%。

1. 第一篇

全面建设小康社会

我们党要带领人民夺取全面建设小康社会新胜利，开创中国特色社会主义事业新局面，关键是要抓好党的自身建设。必须坚持党要管党、从严治党，继续推进党的建设新的伟大工程。要坚持推动全党深入学习马克思列宁主义、毛泽东思想、邓小平理论和“三个代表”重要思想，深入学习科学发展观。要加强党的组织建设，造就高素质的领导班子、干部队伍和党员队伍，要继续积极、稳妥、扎实、有效地推进党内民主建设，坚持民主集中制，坚持党员主体地位，完善党内民主制度。要全面加强党的思想作风、学风、工作作风、领导作风和干部生活作风建设，大力改进学风和文风，反对形式主义、官僚主义和弄虚作假，反对奢侈浪费，使全党同志特别是各级领导干部，要更加自觉地坚持求真务实精神，更加自觉地坚持全心全意为人民服务的宗旨，更加自觉地坚持党的群众路线，要坚持权为民所用、情为民所系、利为民所谋，真诚倾听群众呼声，真实反映群众愿望，真情关心群众疾苦，多为群众办好事、办实事。

2. 第二篇

通观全局

通观全局，做好今年政府工作，必须把握好以下原则。一是稳定政策，适度微调。继续搞好宏观调控，保持宏观经济政策的连续性和稳定性，正确把握宏观调控的方向和力度，注重区别对待、分类指导，有针对性地解决经济发展中的突出矛盾。二是把握大局，抓好重点。正确处理改革、发展、稳定的关系，以改革开放为动力，推动各项工作，着力解决事关全局的重大问题，促进经济、社会全面发展。三是统筹兼顾，关注民生。坚持以人为本，搞好“五个统筹”，更加注重城乡、区域协调发展，更加注重社会事业建设，更加注重社会公平和社会稳定，让全体人民共享改革发展成果。四是立足当前，着眼长远，把做好今年工作和实现“十一五”规划目标结合起来，积极进取，量力而行，注重实效。

保持固定资产投资适当规模，坚持有保有压，优化投资结构，防止投资过快增长，继续把好土地、信贷两个闸门，坚持实行最严格的土地管理制度，坚持按照贷款条件和市场准入标准发放贷款，从严控制新开工项目，同时，进一步加强经济、社会发展薄弱环节和重点领域的建设，继续解决部分城市房地产投资规模过大和房价上涨过快的问题。要着力调整住房供应结构，严格控制高档房地产开发，重点发展普通商品房和经济适用房，建立健全廉租房制度和住房租赁制度，整顿规范房地产和建筑市场秩序，基本完成建设领域清理拖欠工程款任务，促进房地产业和建筑业健康发展。

（二）每分钟 130 字听打练习

利用本书资料包提供的听力材料进行听打训练，要求打出标点符号，文字正确率不低于 98%。

1. 第一篇

建设社会主义新农村

建设社会主义新农村，首先要发展现代农业，促进粮食生产稳定发展和农民持续增收，稳定、完善和强化对农业的扶持政策，进一步增加对农民的种粮直接补贴、良种补贴、农机具补贴，增加对产粮大县和财政困难县的转移支付，坚持和完善重点粮食品种最低收购价政策，抑制农业生产资料价格上涨。今年中央财政用于“三农”的支出达到 3397 亿元，比上年增加 422 亿元。要切实保护耕地，特别是基本农田。稳定粮食播种面积，不断提高粮食综合生产能力，增强农业科技创新和转化能力。加强农业技术推广和服务，加快兽医管理体制改革和动物疫病防控体系建设。继续调整农业结构，积极发展畜牧业，推进农业产业化，大力发展农村第二、第三产业，特别是农产品加工业。壮大县域经济，推进农村劳动力向非农产业和城镇有序转移，多渠道增加农民收入。

建设社会主义新农村，必须加强农村基础设施建设，要下决心调整投资方向，把国家对基础设施建设投入的重点转向农村。这是一个重要转变，主要是加强以小型水利设施为重点的农田基本建设，加强防汛、抗旱和减灾体系建设，加强农村道路、饮水、沼气、电网、通信等基础设施和人居环境建设，加强教育、卫生、文化等农村公共事业建设。主要措施是，逐年加大国家财政投资和信贷资金对农业、农村的投入，整合各种渠道的支农资金，提高资金使用效益，积极引导农民对直接受益的公益设施建设投资、投劳，鼓励和引导社会各类资金投向农村建设，逐步建立合理、稳定和有效的资金投入机制，通过坚持不懈努力，使农村基础设施有一个大的改善。

2. 第二篇

推进产业结构调整

推进产业结构调整和优化升级，是转变经济增长方式、提高经济增长质量的重要途径和迫切任务。

一要着力提升产业层次和技术水平。要加快发展先进制造业、高新技术产业和现代服务业，继续加强交通、能源、水利等基础产业和基础设施建设，推进国民经济和社会信息化。提高产业技术水平，关键是要全面增强自主创新能力，要在一些重要产业尽快掌握核心技术和提高系统集成能力，形成一批拥有自主知识产权的技术、产品和标准，主要措施是，强化企业在自主创新中的主体地位，建立以市场为导向，产、学、研相结合的技术创新体系。大力实施品牌战略，鼓励开发具有自主知识产权的知名品牌。健全知识产权保护体系，加大知识产权保护的执法力度。完善自主创新的激励机制，实行支持企业创新的财税、金融和政府采购等政策。改善市场环境，发展创业风险投资，支持中小企业提升自主创新能力。

二要推进部分产能过剩行业调整。进行这项调整，要综合运用经济、法律和必要的行政手段，充分发挥市场机制的作用。主要措施是，认真贯彻国家产业政策，严格市场准入标准，控制新增产能，推动企业并购、重组、联合，支持优势企业做强、做大。提高产业集中度，依法关闭那些破坏资源、污染环境和不符合安全生产条件的企业。淘汰落后生产能力，通过调整投资结构、扩大消费需求等措施，合理利用和消化一些已经形成的生产能力。这项工作涉及面广，政策性强，要积极而有序地进行。

（三）每分钟140字听打练习

利用本书资料包提供的听力材料进行听打训练，要求打出标点符号，文字正确率不低于98%。

1. 第一篇

进一步推进西部大开发

进一步推进西部大开发，着力支持重点地带、重点城市和重点产业加快发展，确保青藏铁路、三峡三期工程等一批重点工程建成投产，新开工一批重大建设项目，巩固和发展退耕还林、退牧还草成果，抓紧研究制定后续相关政策，继续实施天然林保护、风沙源和石漠化治理等生态工程，支持发展优势产业和建设特色资源加工基地，加快科技、教育发展，加大政策扶持和财政转移支付力度，加快建立长期稳定的西部开发资金渠道。

继续实施东北地区等老工业基地振兴战略，重点加强大型粮食基地建设，推进重点行业改革重组和技术改造。搞好资源枯竭型城市经济转型和采煤沉陷区治理、棚户区改造，抓紧研究资源开发补偿机制、衰退产业援助机制，做好部分城市和国有企业厂办大集体改革试点工作，认真落实扩大对外开放的政策措施，在加快改革开放中走出振兴的新路子。

积极促进中部地区崛起，充分发挥中部区位、资源、产业和人才优势，重点加强现代农业，特别是粮食主产区商品粮基地建设。加强能源和重要原材料基地建设，加强现代综合交通运输体系、现代流通体系和现代市场体系建设，支持老工业基地振兴和资源型城市的转型，建设现代装备制造基地和高技术产业基地，增强中心城市辐射功能，带动周边地区发展。

2. 第二篇

在看到成绩的同时

在看到成绩的同时，我们也清醒地认识到，经济社会生活中的困难和问题还不少，一些长期积累的和深层次的矛盾尚未根本解决，又出现了一些不容忽视的新问题。

一是粮食增产和农民增收难度加大。当前粮价走低和农业生产资料价格上涨的压力都不小，影响农民增加收入和种粮积极性。耕地不断减少，农业综合生产能力不强，粮食安全存在隐患。二是固定资产投资增幅仍然偏高。有些行业投资增长过快，新开工项目偏多，投资结构不合理，投资反弹的压力比较大。三是部分行业过度投资的不良后果开始显现。产能过剩问题日趋突出，相关产品价格下跌，库存上升，企业利润减少，亏损增加，潜在的金融风险加大。四是涉及群众切身利益的不少问题还没有得到很好解决。看病难、看病贵和上学难、上学贵等问题突出，群众反映比较强烈。在土地征用、房屋拆迁、库区移民、企业改制、环境保护等方面还存在一些违反法规和政策而损害群众利益的问题。五是安全生产形势严峻。煤矿、交通等重特大事故频繁发生，给人民群众生命、财产造成严重损失。

我们还认识到，各级政府工作中存在不少缺点和不足。政府职能转变滞后，一些工作落实不够、办事效率不高，形式主义、做表面文章的现象还比较突出。一些政府工作人员弄虚作假、奢侈浪费，甚至贪污腐败。

我们要进一步增强使命感和紧迫感，发扬成绩、改进工作，以更加昂扬的斗志、更加奋发有为的精神状态、更加扎实的工作作风，努力把政府各项工作做得更好，绝不辜负人民的厚望和国家的重托。

3. 第三篇

深化政治体制改革

深化政治体制改革，发展社会主义政治文明。扩大人民民主，健全民主制度，丰富民主形式，扩宽民主渠道，依法实行民主选举、民主决策、民主管理、民主监督，保障人民的知情权、参与权、表达权、监督权。发展基层民主，完善基层群众自治制度，扩大基层群众自治范围，推动城乡社区建设，深入推进政务公开、村务公开、厂务公开。发挥社会组织在扩大群众参与、反映群众诉求方面的积极作用，增强社会自治功能。

全面落实依法治国基本方略，加强政府立法，提高立法质量。今年要重点加强改善民生、推进社会建设、节约能源资源、保护生态环境等方面的立法。政府立法工作要广泛听取意见。制定与群众利益密切相关的行政法规、规章，原则上都要公布草案，向社会公开征求意见。合理界定和调整行政执法权限，强化行政执法监督，全面落实行政执法责任制。健全市县政府依法行政制度，加强对行政收费的规范管理。改革和完善司法、执法财政保障机制。加强法规、规章和规范性文件的备案、审查工作。健全行政复议体制，完善行政补偿和行政赔偿制度。做好法律服务和法律援助工作，深入开展法制宣传教育，在全社会形成自觉学法、守法、用法的良好氛围。

完善社会管理，加强社会组织建设，健全基层社会管理体制。做好信访工作，完善信访制度，健全社会矛盾调解机制，妥善处理人民内部矛盾，维护群众合法权益。完善社会治安防控体系，加强社会治安综合治理。深入开展平安创建活动，改革和加强城乡社区警务工作。加强流动人口服务和管理，集中整治突出的治安问题和治安混乱地区，依法防范和打击违法犯罪活动，保障人民生命财产安全，确保社会大局稳定。

加强国家安全工作，强化安全生产工作。加大源头治理力度，遏止重特大安全事故发生。巩固和发展煤矿瓦斯治理和整顿关闭两个攻坚战成果。继续开展重点行业领域安全专项整治，加强对各类安全事故隐患排查和整治工作。健全重大隐患治理、重大危险源监控制度，完善预报、预警、预防和应急救援体系，依法加强监管，严肃查处安全生产事故。

4. 第四篇

在新的发展阶段

在新的发展阶段，继续全面建设小康社会，发展中国特色社会主义，必须坚持以邓小平理论和“三个代表”重要思想为指导，深入贯彻科学发展观。

科学发展观，是对党的三代中央领导集体关于发展的重要思想的继承和发展，是马克思主义关于发展的世界观和方法论的集中体现；是同马克思列宁主义、毛泽东思想、邓小平理论和“三个代表”重要思想既一脉相承又与时俱进的科学理论；是我国经济社会发展的重要指导方针；是发展中国特色社会主义必须坚持和贯彻的重大战略思想。

科学发展观，是立足社会主义初级阶段基本国情、总结我国发展实践、借鉴国外发展经验、适应新的发展要求提出来的。

进入新世纪、新阶段，我国发展呈现一系列新的阶段性特征。主要是经济实力显著增强，同时生产力水平总体上还不高，自主创新能力还不强，长期形成的结构性矛盾和粗放型增长方式尚未根本改变，社会主义市场经济体制初步建立，同时影响发展的体制机制障碍依然存在，改革攻坚面临深层次矛盾和问题，人民生活总体上达到小康水平。同时收入分配差距拉大趋势还未根本扭转，城乡贫困人口和低收入人口还有相当数量，统筹兼顾各方面利益难度加大。协调发展取得显著成绩，同时农业基础薄弱、农村发展滞后的局面尚未改变，缩小城乡、区域发展差距和促进经济社会协调发展任务艰巨。

社会主义民主政治不断发展。依法治国基本方略扎实贯彻，同时民主法治建设与扩大人民民主和经济社会发展的要求还不完全适应，政治体制改革需要继续深化。

社会主义文化更加繁荣，同时人民精神文化需求日趋旺盛。人们思想活动的独立性、选择性、多变性、差异性明显增强，对发展社会主义先进文化提出了更高要求。

社会活力显著增强，同时社会结构、社会组织形式、社会利益格局发生深刻变化。社会建设和管理面临诸多新课题。对外开放日益扩大，同时面临的国际竞争日趋激烈。发达国家在经济、科技上占优势的压力长期存在，可以预见和难以预见的风险增多，统筹国内发展和对外开放要求更高。

这些情况表明，经过新中国成立以来，特别是改革开放以来的不懈努力，我国取得了举世瞩目的发展成就。从生产力到生产关系，从经济基础到上层建筑，都发生了意义深远的重大变化，但我国仍处于并将长期处于社会主义初级阶段的基本国情没有变，人民日益增长的物质文化需要同落后的社会生产之间的矛盾这一社会主要矛盾没有变。

当前我国发展的阶段性特征是社会主义初级阶段基本国情在新世纪、新阶段的具体表现。强调认清社会主义初级阶段基本国情，不是要妄自菲薄、自甘落后，也不是要脱离实际、急于求成，而是要坚持把它作为推进改革、谋划发展的根本依据。

我们必须始终保持清醒头脑，立足社会主义初级阶段这个最大的实际，科学分析我国全面参与经济全球化的新机遇、新挑战，全面认识工业化、信息化、城镇化、市场化、国际化深入发展的新形势、新任务，深刻把握我国发展面临的新课题、新矛盾，更加自觉地走科学发展道路，奋力开拓中国特色社会主义更为广阔的发展前景。

模块三　桌面排版

任务一　排版基础知识

【任务目标】

认识常用印刷字体，了解排版的基本概念和排版中的重要元素。

【建议学时】

2学时。

【任务内容】

一、认识常用印刷字体

（一）常用中文印刷字体

1. 宋体

宋体因主要作为宋代雕版印刷的标准字体而得名，横细竖粗，体态方正，是应用最广、历史最久的印刷字体。

宋体风格端庄、典雅、清秀，其主要特征为：字形正方，笔画横细竖粗，点为上尖下圆的瓜子形，撇为上粗下细呈一定弧度的刀形，捺则上细下粗带有落笔刀锋，在笔画的右上弯处有装饰字肩。

宋体字适合于排印报刊、书籍正文，是最通行的正文印刷字体。在同样条件下，宋体字比其他字体更适于人们阅读。

宋体起源于宋代，到明代才被广泛应用，所以日文宋体称为明体或明朝体。相对黑体字而言，宋体又称白体，它是在刻书字体的基础上发展起来的。

由于宋体应用最广，因此不同风格的宋体字也相当多。如：

（1）书宋：通常所说的宋体一般就是指书宋，是书籍正文排版最常用的字体，风格方正、严谨。

（2）报宋：主要用于报刊正文排版的字体，竖笔画比书宋细。

（3）小标宋：专门用于小标题排版的字体。

（4）大标宋：专门用于大标题排版的字体。

（5）中宋：中宋介于小标宋和大标宋之间，用于标题的场合居多。

（6）粗宋：为了使标题更加醒目而设计的专门用于标题的竖笔更粗的宋体字。

各种风格宋体字的样式如图 3－1 所示。

永　永　永　永　永　永

书宋　报宋　小标宋　大标宋　中宋　粗宋

图 3－1　各种风格宋体字示例

2. 仿宋体

仿宋体是一种在宋体字的基础上加以改进而形成的一种字体，这种字较为瘦长，清秀挺拔，横竖笔画粗细均匀，被国家指定为机械制图中使用的标准字体，常用于排印副标题、诗词短文、批注、引文等，在一些读物中也用来排印正文部分。

仿宋体的样式如图 3－2 所示。

图 3－2　仿宋体字示例

3. 黑体及等线体

黑体字是一种在宋体字的基础上，把横画加粗、笔画耸肩削平而形成的一种字体，这种字体的所有笔画都是方形，且粗细一致，因而独具一格，给人一种粗实有力、严肃庄严、朴素大方的感觉。适于排印书刊的标题和重点语句。

等线体是细下来的黑体，有黑体的骨架，减少了一些黑体的笨重，因粗细适中、现代感强而受到众多设计者的好评，也颇受香港报刊的青睐。

等线体由细到粗分为幼线、细等线、中等线等多种。其中，细等线体因线条流畅，印成小字依旧清晰，广泛地被采用为地图用字。

黑体和各种等线字体的样式如图 3－3 所示。

黑体　　幼线　　细等线　　中等线

图 3-3　黑体及等线体字示例

4. 圆头体

圆头体是在等线体的基础上，将笔画的边角处作圆化处理的一种字体。其特点是起、末笔均为圆头，笔画粗细一致，折笔处圆润、自然。

圆头体在海外常用做正文字体，20 世纪 90 年代后在内地也渐渐流行起来。

根据笔画粗细的不同，圆头体可分为细圆（幼圆）、中圆（准圆）、粗圆等多种，其样式如图 3-4 所示。

细圆　　中圆　　粗圆

图 3-4　圆头体字示例

5. 楷体

楷体又称楷书、正书、真书，是一种模仿手写习惯的字体，笔画挺秀均匀，字形端正，广泛地用于学生课本、通俗读物、批注、引文等。

楷体的特点是形体方正，笔画平直，可作楷模，故名。楷书的名家很多，如“欧体”（欧阳询）“虞体”（虞世南）“颜体”（颜真卿）“柳体”（柳公权）“赵体”（赵孟頫）等。

楷体的样式如图 3-5 所示。

图 3-5　楷体字示例

（二）常用英文印刷字体

1. 衬线字体

衬线字体，又称白体，是指那些笔画主次分明、粗细有别，且同一笔画的不同位置带有轻重变化的字体。

Times New Roman 是 20 世纪 30 年代设计的衬线字体，也是当前最流行的衬线字体。它秉承了罗马字体的雕刻感和典雅感，字形各部分比例匀称，横细竖粗，向右的斜线粗，向左的斜线细，J 的底部收于基线位置。该字体现已成为运用最为广泛的英文字体，以至中国的英语科技论文的正文大都要求用此字体。

Times New Roman 的字体样式如图 3－6 所示。

ABCDEFGHIJKLMNOPQRSTUVWXYZ
abcdefghijklmnopqrstuvwxyz

图 3－6　Times New Roman 字体示例

2. 无衬线字体

无衬线字体，又称黑体，是指那些笔画粗细均匀、没有明显变化的字体。这种字体简洁、严谨、醒目、现代感强，深受设计家青睐。

Arial 是最具代表性的无衬线字体，目前已经成为微软公司软件中的主流字体，在网页设计中更是使用频繁。

Arial 最明显的特点是 M 的起点、中点和末点在同一基线上，Q 的末笔里出外进，点为方点。其字体样式如图 3－7 所示。

ABCDEFGHIJKLMNOPQRSTUVWXYZ
abcdefghijklmnopqrstuvwxyz

图 3－7　Arial 字体示例

3. 等宽字体

等宽字体是指每个字符的宽度都一样的字体，是一种专门为了打印效果的美观而设计的字体。一般的英文字体，每个字符的宽度是不相同的，例如 i 的宽度和 w 的宽度相差很大，而等宽字体则要求每个字符等宽，以便版面有整齐的边缘和便于计算。

Courier 是一种最常用的等宽字体，也是等宽字体的代表。该字体的特点为衬线较长，字身各笔画粗细相同，W 的中心点没有降到下缘线，带圆形的小写字母旁的竖线起点和终点均有比较夸张的横向短线。其字体样式如图 3－8 所示。

ABCDEFGHIJKLMNOPQRSTUVWXYZ
abcdefghijklmnopqrstuvwxyz

图 3－8 Courier 字体示例

（三）英文字体的应用

1. 英文字体的应用原则

（1）字体数量少而精。一个页面上不要超过 3～4 种字体。道理很简单，多则乱，少则明。

（2）标题用字统一规范。大标题一般使用无衬线字体，这样可以使标题更加吸引读者的注意力。对于小标题，可以使用加粗的衬线字体或者无衬线字体。普通正文使用衬线字体，需要强调的地方使用加粗的字体，引用的地方使用倾斜的字体。

（3）改变字体要谨慎。除非万不得已，不要随便在词句中改变字体。

（4）根据用途选用字体。印刷用字可以多用衬线字体，这类字体细节构成的整体感便于阅读。屏幕用字最好使用无衬线字体。打印机用字和编码用字最好用等宽字体。

2. 中英文混排的字体搭配

英文在中文媒体或实践中应用得越来越广泛，中英文字体的搭配便成为一个不能忽视的问题。要想设计出精美和谐的页面，便更需要选择好搭配的中英文字体。

一般来说，在中英文字体的搭配中，衬线字体宜搭配中文的宋体或楷体，无衬线字体宜搭配中文的黑体、圆头体。

二、了解排版的基本概念

（一）排版

排版（Typesetting）是将文字、线条、色块、图像等元素组排成一个适合人们阅读的版面的过程。

排版具有以下几个特性。

1. 文字的正确性

将文字录入、组排到版面中不免会出现一些错误，排版的过程就是要最大限度地减少这些错误的发生。

2. 文字的适读性

排版时通过设置字体、字号、字距、行距以及文字灰度与背景的反差，能让人在阅读的时候不易产生疲劳，避免人们在阅读过程中产生烦躁。

3. 美观艺术性

排版设计也称为版面编排，是平面设计中最具代表性的一大分支，体现着文化传统、审美观念和时代精神的风貌。排版的结果应该让人感觉到是一种艺术享受。

4. 印刷可行性

版面设计必须要考虑制版和印刷的可行性，一个好的设计如果后期的印刷无法实现，最终也无法达到预期的艺术效果。

（二）成品尺寸

一件印刷品的成品幅面大小称为成品尺寸。开本和纸张的大小是决定一件印刷品成品尺寸的两个重要因素。虽然理论上讲，一件印刷品的成品大小应当由设计人员根据美观原则进行设计，但由于造纸的机器大小是固定的，因此从经济方面考虑必须注重所用纸张的大小。

1. 开本

开本是指一张全张纸经几次裁切或折叠所得到的页面。能够得到多少个页面，就称为几开。如图 3－9 所示，全张纸经过 1 次裁切得到的是对开纸，上对开印刷机印刷后，第 1 次折叠得到的是 4 开版面，第 2 次折叠得到的是 8 开版面，第 3 次折叠得到的是 16 开版面，如果再经过 1 次折叠得到的将是 32 开成品。我国习惯上对开本是以这样的几何级数来命名的。在国际标准中，开本的命名则不同，它是由纸张规格代号和折叠次数组成的。

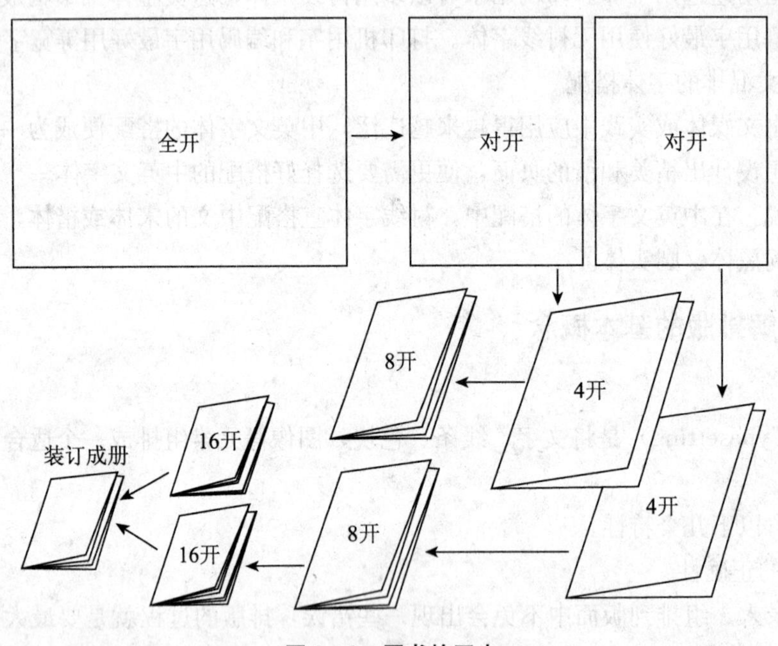

图 3－9　图书的开本

2. 纸张大小

按国家标准 GB/T 147—1997 印刷、书写和绘图用原纸尺寸规定：卷筒纸宽度尺寸为 5100、3100、1760、1575、1562、1400、1280、1230、1220、1092、1000、900、880、860、787（单位：mm）；平板纸幅面尺寸为 1400×1000、1000×1400、1280×900、

900×1280、1220×860、860×1220、1230×880、880×1230、1092×787、787×1092（单位：mm）。

ISO（国际标准化组织）很早以前就定义了纸张标准尺寸（ISO 216—1975）有A、B、C3组规格，C系列纸张主要用于信封。如表3－1所示为ISO 216定义的纸张尺寸规格。

表3－1　　ISO 216标准定义的纸张尺寸　　单位：mm

A系列		B系列		C系列	
A0	841×1189	B0	1000×1414	C0	917×1297
A1	594×841	B1	707×1000	C1	648×917
A2	420×594	B2	500×707	C2	458×648
A3	297×420	B3	353×500	C3	324×458
A4	210×297	B4	250×353	C4	229×324
A5	148×210	B5	176×250	C5	162×229
A6	105×148	B6	125×176	C6	114×162
A7	74×105	B7	88×125	C7/6	81×162
A8	52×74	B8	62×88	C7	81×114
A9	37×52	B9	44×62	C8	57×81
A10	26×37	B10	31×44	C9	40×57
				C10	28×40

表中的A、B表示纸张规格以及所形成的开本系列。A、B后面的数字表示全张纸对折长边的次数，如A4表示将全张纸长边折叠4次，即16开，A5表示折叠5次，即32开。

为与国际标准接轨，我国在1999年制定了GB/T 788—1999图书和杂志开本及其幅面尺寸国家标准，如表3－2所示。

表 3-2 **图书和杂志开本及其幅面尺寸** 单位：mm

系　列	未裁切单张纸尺寸	已裁切成开本	
		代号	公称尺寸（允差±1mm）
A	890×1240M	A4	210×297
	890M×1240	A5	148×210
	890×1240M	A6	105×144
	900×1280M	A4	210×297
	900M×1280	A5	148×210
	900×1280M	A6	105×144
B	1000M×1400	B5	169×239
	1000×1400M	B6	119×165
	1000M×1400	B7	82×115

注：表中未裁切单张纸尺寸后面的 M，表示纸张的丝缕方向与该尺寸边平行。

3. 流行纸张

虽然新的国家标准规定了采用 890mm×1240mm、900mm×1280mm、1000mm×1400mm 3 种纸张进行印刷，但由于设备、纸张供应等原因，印刷业的实际用纸情况与国家标准之间仍然有着很大的差距。以下尺寸的纸张仍为当今印刷业流行的纸张。

（1）787mm×1092mm。这个尺寸也叫小规格纸，由此规格印出的书籍开本又称小开本，例如，小 32 开的 130mm×185mm、小 16 开的 185mm×260mm 都是这种纸张的成品尺寸。

（2）850mm×1168mm。这种尺寸的纸张主要用于较大开本的需要，由此规格印出的书籍开本又称大开本，例如，大 32 开的 140mm×203mm 是这种纸张的成品尺寸。

（3）889mm×1194mm。这是国际流行开本，国际大 16 开的 210mm×285mm 和国际大 32 开的 145mm×210mm 都是这种纸张的成品尺寸。

（三）版面

印刷成品幅面中图文和空白部分的总和叫做版面。如图 3-10 所示，版面主要由以下几个部分构成。

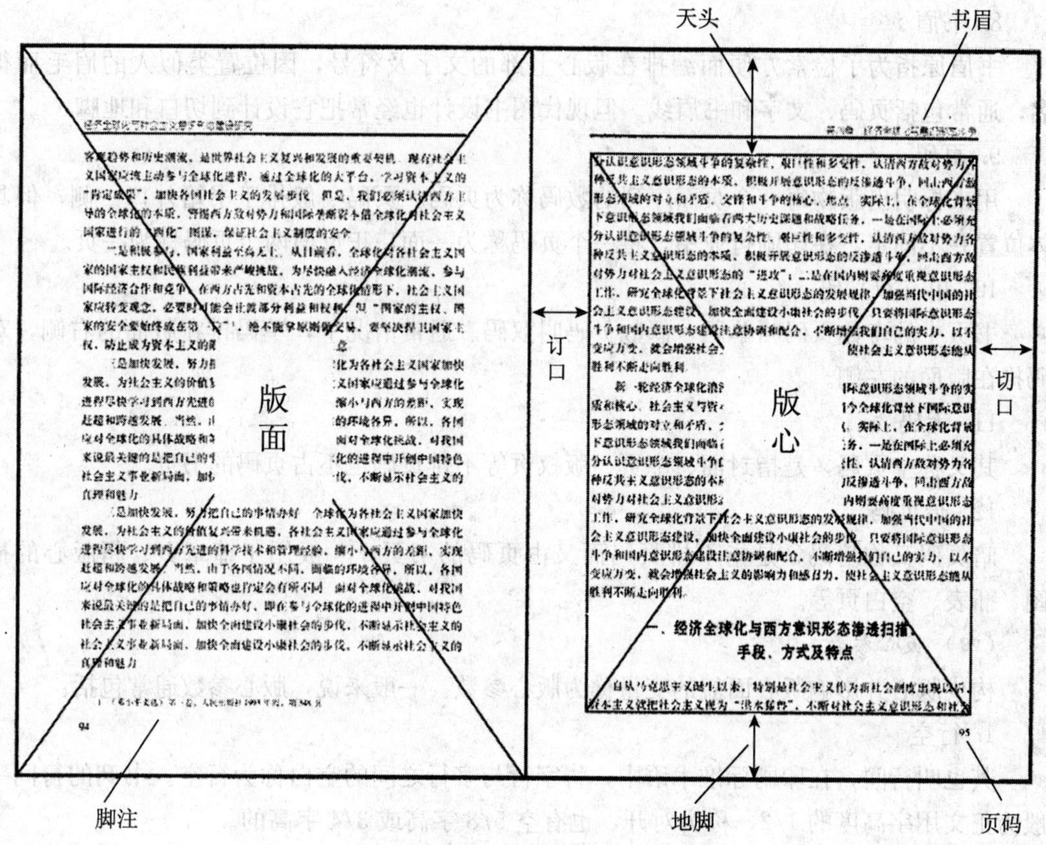

图 3-10 版面及版心示意图

1. 版心

版心是指排版或印刷成品版面中规定的正文或图表的排版面积。

2. 订口

由版心内侧至装订一侧的部分称为订口，也叫里口。

3. 切口

由版心外侧至需要翻页一侧的部分称为切口，也叫外口或翻口。

4. 天头

版心上边缘至版面上边缘之间的区域称为天头，也称为上边空或上空。

5. 地脚

版心下边缘至版面下边缘之间的区域称为地脚，也称为下边空或下空。

6. 版口

版口是指版心边缘至版面边缘之间的区域，包括天头、地脚、订口和切口。

7. 裁口

图书装订后，为了保证边缘的整齐，需要将订口以外的三面进行裁切，预留出来以供裁切的那些部分称为裁口。一般裁口为 3mm，国外也有留 5mm 裁口的情况。

8. 书眉

书眉原指为了检索方便而编排在版心上部的文字及符号，因位置类似人的眉毛而得名，通常包括页码、文字和书眉线。但现代图书设计也经常把它设计到切口和地脚。

9. 页码

用来标明出版物每一个页面序列的数码称为页码。页码一般排于书籍外口一侧，但具体位置并不固定。在印刷行业中，将一个页码称为一面，正反面两个页码称为一页。

10. 单（双）码

书页中的奇数页码叫单码，偶数页码叫双码。通常情况下，单码排在版面的右侧，双码排在版面的左侧。

11. 无码

其又称空页码，是指封面、扉页、版权页等不排页码也不占页码的书页。

12. 暗页码

暗页码又称暗码，是指不排页码而又占页码的书页，一般用于篇章页、超版心的插图、插表、空白页等。

（四）版心参数

构成版心并影响版心面貌的变量称为版心参数。一般来说，版心参数通常包括：

1. 行空

其也叫行间，在印刷标准术语中，将字行与字行之间的空白称为行空。书刊的行间一般为正文用字高度的 1/2，称为对开，也有空 5/8 字高或 3/4 字高的。

2. 行距

行中心线与行中心线的距离称为行距。

3. 字距

同一行中字与字之间的空白称为字距。

4. 另页起

另页起指一篇文章必须从单页码起排。如果前面的文章以单页码结束，就必须在前一篇文章的后面留出一个双码的空白面，即放一个空码。

5. 另面起

另面起指一篇文章必须另起一面排版，不能与上篇文章接排。另面后不用考虑单双码。

6. 注文

注文又称注释、注解，是对正文内容或对某一字词所做的解释和补充说明。

7. 注码

注码指在正文中标识注文的号码。

8. 随文注

随文注也称夹注，指排在字行中的注文。

9. 段后注

段后注指排在正文分段处的注文。

10. 边注

边注指排在图片旁边或者一个段落旁边的注文。

11. 脚注

脚注指排在每个页面下端的注文。

12. 篇后注

篇后注指排在每篇文章之后的注文。

13. 书后注

书后注指排在全书后面的注文。

14. 横排和直排

横排的字序是自左而右，行序是自上而下，它的翻口在右，订口在左；直排又称竖排，字序是自上而下，行序是自右而左，它的翻口在左，订口在右，一般用于古书排版。

15. 密排和疏排

密排是字与字之间没有空隙的排法，一般书刊正文多采用密排；疏排是字与字之间留有一些空隙的排法，大多用于低年级教科书及通俗读物，排版时应放大行距。

16. 通栏排和分栏排

通栏就是以整个版心的宽度为每一行的长度，这是书籍通常排版的方法。有些书刊，特别是期刊和开本较大的书籍及工具书，版心宽度较大，为了缩短过长的字行，正文往往分栏排，有的分为两栏（双栏），有的分为三栏，甚至多栏。

如表 3-3 所示为主要开本尺寸及常见版式。

表 3-3　　主要开本尺寸及常见版式　　单位：mm

开本	用纸尺寸	开本尺寸	版心尺寸	正文用字	每面行数×每行字数	行间
A4	880×1230	210×297	147×246	五号	44 行×39 字	5.1p
国际 16 开	889×1194	210×285	172×244	小五号	二至三栏	对开
大 16 开	850×1168	203×280	162×226	小五号	二栏	对开
16 开	787×1092	185×260	148×220	五号	40 行×40 字	对开
16 开	787×1092	185×260	155×220	五号	40 行×42 字	对开
国际 32 开	889×1194	145×210	115×169	五号	31 行×31 字	对开
大 32 开	850×1168	140×203	103×154	五号	28 行×28 字	对开
大 32 开	850×1168	140×203	103×156	五号	26 行×28 字	5/8 字
(小) 32 开	787×1092	130×185	96×144	五号	26 行×26 字	对开
64 开	787×1092	92×126	70×98	小五号	21 行×22 字	4.5p

三、排版中的几个重要元素

（一）标点符号

目前，在排版中标点符号的排法大致有以下几种。

1. 全角式

又称全身式，这是一种所有标点符号都用全角占位排版的方式。但两个标点符号相连时，前一个为半角占位，例如“他说：‘明天有雨。’”

2. 开明式

这是一种在句末用全角标点符号，其余用半角标点符号的排版方法，目前应用比较广泛。

3. 行末对开式

这是一种行末标点符号都用半角（对开）的排版方式，排出的版口线条较直。

4. 对开式

这是一种除破折号、省略号外都用半角（对开）标点符号的排版方式，多用于工具书。

5. 竖排式

在竖排中，标点符号一般为全角。

6. 自由式

一些标点符号的占位方式随意使用，不遵循排版禁则。一般在国外比较普遍。

（二）标题

1. 标题的特点和层次

标题是一篇文章的核心和主题的概括，也有的标题是表明文章的层次，其特点是字句简明、层次分明、美观醒目。书籍中的标题层次比较多，有大、中、小之别。书籍中最大的标题称为一级标题，其次是二级标题、三级标题等。大小标题的层次表现出正文内容的逻辑结构，通常采用不同的字体、字号来加以区别，以使全书章节分明、层次清楚，便于阅读。

2. 标题的标识方法

一般来说，最大一级标题字号最大，依照标题级次的降低而依次减小。也有违反这一规律的情况，但当标题字号小于下一级标题或者正文时，一定会通过占行去弥补。标题的占行也是确定一个标题级次的重要指标，小标题占行少，大标题占行多。

标题中使用的字体也与标题的级次有关，大标题使用较粗的字体，如大黑、粗圆、综艺等，小标题则采用黑体、楷体、仿宋体、准圆等。标题的字体也与书籍的内容有关，政治类书籍一般使用黑体、小标宋等字体做标题，儿童类书籍则使用比较活泼的字体，如童趣体、胖娃体等。

（三）表格

1. 表格的组成

表格是指为了归档、说明或描述某个概念而以行和列的方式安排数据的列阵。表格的作用是把复杂的内容条理化和系统化，便于读者分析比较，一目了然。一般来说，一个表格可分为表题、表头、表身、表注和框线 5 个主要组成部分。

（1）表题。表题包括表序和表名两部分。

表序又称表号、表码，是表格的编号次序。表序一律用阿拉伯数字表示。表序可写为："表 1－1""表 3"等，而不要写为："第 1 表""第二表"等。表序排在表格上方，表序后面空一个全角空格接排表名。

表名即表的名称。表名排在表序之后，表名末不加标点符号。

表题应居中排列，在只有表序没有表名的情况下，表序可居中排，也可靠外口方向缩一格排版，或排在表格的右上角处。表题与正文之间至少要空 1/2 字高，表题与表顶线之间空 1/2 字高。

表题一般用黑体字，其字号应小于正文而大于表文。表题居中排以后，如果表题字较少，可在表题字间适当加空；如表题字较多，则可将表题字转行居中排或转行齐肩排，但无论哪种排法，表题宽度不得大于表格的宽度。

（2）表头。表格用来放置数据类别名称的第一行称为表头，有单层与多层之分。表头的高度应与版心和表身大小相称。一般表头的高度应大于表身上普通行的高度。

表头的最左边一个单元格叫做表首。表首中经常需要绘制斜线，当表首中有斜线时，文字一般应斜排。

（3）表身。表头下面用来放置具体数据的部分叫做表身，是表格的内容和主体。通常由若干行和栏（列）组成，栏的内容通常包括项目栏、数据栏及备注栏等。各栏中的文字要求比正文小一号字。

（4）表注。指表格的注解和说明。一般排在表格的下方，也有的排在表格之内。表注的行长一般不要超过表的宽度，字号比正文小一号字。

（5）框线。框线是指表格中用来分隔各个部分的线条，通常包括以下几种。

①行线：表格中行与行之间的分隔线。

②栏线：表格中栏与栏之间的分隔线。

③表头线：表头与表身之间的分隔线，即表格第一行与第二行之间的行线。

④边栏线：表格的第一栏称为边栏，第一栏与第二栏之间的栏线称为边栏线。

⑤边框线：表格的四周边线，包括顶线、底线和墙线。顶线和底线分别位于表格的顶端和底部，墙线位于表格的左右两边。边框线均应排反线。一般的表格可不排墙线。

2. 表格的分类

根据表格中框线的多少和有无，可以把表格分为：

（1）全线表。行线、栏线、边框线齐全的表格，称为全线表。

（2）省线表。就是在全线表的基础上省略掉一些框线而形成的风格简洁的表格。常见的省线表主要包括无行线表（省略了除表头线以外的所有行线的表格）、三线表（只有顶线、表头线和底线的表格）、无墙线表（省略了墙线的表格）3 种。

（3）无线表。省略了所有框线的表格。

3. 表格的排版形式

常见的表格排版形式主要包括：

(1) 整面表。表格大小刚好占据一个版面的表格。

(2) 跨页表。因版心限制或设计需求，将一个表格中的内容分别排在相邻的两个页面中的表格。被排放在下一页的部分表格称为“续表”。续表应在表格上方加注“续表”字样，并重排表头，省略表序和表名。但是，在位于前一页的部分表格中的最下边应用细线封底以表明表格没有结束。

(3) 卧排表。将宽度超过版心、长度小于版心的表格整体逆时针旋转 90°后进行排版的表格形式。

(4) 对页表。也称合页表、蝴蝶表，是将书刊相对的两页版心视为一个完整的横向页面进行排版的表格形式。合页表两个页面结合处的栏线一般应放在单页码的一边，即在右半个表的最左侧放一根竖的直线，而在左半个表的最右侧不放栏线。

（四）插图

1. 插图的分类

按照图片与正文的相对位置来分，插图可分为串文图（文字环绕图片排列）和非串文图（文字不环绕图片排列）。

按照图片与版面的关系来分，插图可分为版内图（不超过版心）、超版心图（超过版心尺寸，但小于版面的图）和出血图（图片的一边或两边超出版面，经裁切后不留白边）。

按照图片所占的版面来分，插图可分为单面图（图片排在一个页面中）、合页图（采用双码跨单码的方法分排在同一视面的两个页面中，有时也称跨页图）和插页图（大小超过开本尺寸而且使用大于开本的纸张独立印刷，然后插入书刊内相应位置进行装订的图）。

2. 插图的文字说明

插图的文字说明包括图序、图名和图注 3 部分。

(1) 图序。图序又称图号、图码，是对图片按顺序进行编码的一种序号。书刊插图必须有图序。正文中的图统一用阿拉伯数字表示，且分别称为图 1、图 2……，英文版的图序用 Fig. 1、Fig. 2……表示。对于科技类图书，如果每一篇（章）的插图较多，可按每一篇（章）独立编码，编码方法是在图序的数字前加上某篇（章）的序码，篇（章）号与图号用一个半角的下脚点（小数点或英文句号）或短线隔开。例如：图 1.1，图 2-1。图序末尾一律不加标点符号。即使图序后面有图名，也只能采用在图序和图名之间加两个半角空格的方法来隔开。

(2) 图名。即图的名称，习惯上把图序和图名总称为图题。一般情况下，插图应有图名。图名置于图序之后，两者之间空一个汉字的距离。图名应简洁而准确地表达图的主题，一般以不超过 15 字为宜。当图名较长时，其间允许有逗号、顿号等标点符号，但图名末尾一律不加标点符号。

(3) 图注。即用来对图片中的某一部分进行解说和注解的文字，通常包括注解文字和标识符号两部分。图注较少时，可以排在图片内，图注较多时，应排在图片下方，一般排在图题下面。

任务二　排版规范

【任务目标】

掌握正文、标题、表格、图片以及目录与参考文献的排版规范。

【建议学时】

2 学时。

【任务内容】

一、正文排版规范

（一）正文的字号

书籍正文字号一般采用五号字；杂志、百科全书多用小五号字；字典类图书为让版面容纳更多的文字一般采用六号字；小学教科书、儿童读物和老年读物正文字号较大，一般采用四号或小四号字；公文类文件为显示其重要性一般字号较大，有的使用三号字排版。

正文中字号不宜频繁变化，否则会产生零乱的感觉。

（二）正文的字体

纸质图书中，汉字一般采用宋体做正文字体，英文则多采用衬线字体。报纸排版一般采用为排报纸专门设计的报宋做正文字体。

屏幕显示中，英文应采用非衬线字体，中文则应采用等线体或细黑体做正文。

（三）正文的行距和行长

首先行距一定要大于字距，否则会让人产生竖排的错觉。

排版时正文行距大小的设计与正文所用字号有关，一般行距是正文字号的 1.5 倍，当正文行长超过 28 个字时，应把行距加大到正文字号的 1.67 倍或 1.75 倍，行距过小会导致人的视觉疲劳。

行长不宜过长，一般在 20～30 个字较好，行长过短、频繁回行会影响阅读的流畅性。尤其是英文，行长过短时，由于英文单词较长，要想左右齐行，经常会出现松松垮垮，或分音节断行太多的情况，严重影响文章的连贯性和美观。而行长过长则与行距过小一样容易让读者产生视觉疲劳，经常串行。行长一般不宜超过 40 个字。

（四）换段与齐行

在传统的中文排版中，“换段”是指另起一段回行后须前空两字排版，也称为首行缩进两字。而“换行”则是指在另起一段回行后文字顶格排版。

在微软和Adobe的排版系统中，换段是通过敲击回车键来实现的，分开的段落与段落之间版式相互独立。换行是通过敲击“Shift＋Enter”组合键来实现，文字内容虽换了一行但仍处于同一段内，段落的版式定义对换行前后的两段内容都起作用。

齐行是指在排版的时候，一行文字的末尾与版口保持平齐的现象。

在中文排版中，不到段落结束的时候，行末必须与版口齐平，甚至不希望因全角标点符号在行末导致版面右侧不整齐的现象。

在英文排版中则有两种版式可以选择，一种是行末齐行的方式，一种是行末不齐行的方式。行末不齐行的排版方式每个单词之间的间距是一样的。

（五）单字与单行

1. 单字不成行

如果段落的最后一行只剩1个字，一般应将本段的标点符号或字距进行调整，将所剩的单字挤到上一行，或者通过调整标点符号或字距，从上一行挤下来几个字，以避免单字成行的现象出现。

2. 单行不成页

如果遇到大标题需要另面排版，则该页面中的文字不应少于两行，如果少于两行，则应通过调整上一个页面中的行距的方式把该页面中的文字缩回上一页，或者从上一个页面挤出几行文字到该页面中来，以避免单行成页的现象出现。

（六）分栏排版

采用双栏排版的版面，如果有通栏的图、表或公式时，则应以图、表或公式为界，其上方的左右两栏文字应排齐，其下方的文字再从左栏到右栏接排。在章、节或每篇文章结束时，左右两栏应平行。行数为奇数时，则右栏可比左栏少排一行字。

（七）数字系统

在排版过程中，所用数字系统的体例应统一。在同一篇文章中，对同一概念的表达要使用同一个数字系统，不能既用阿拉伯数字又用汉字，如前边表达为“1998年”，后边表达为“一九九八年”。按照规定，除文学作品外，数字一律统一使用阿拉伯数字。

（八）页码及书眉

1. 页码

横排书单页码应放在右页，双页码应放在左页，竖排书相反。页码应排在书籍的切口，不宜排在订口，否则会给读者翻书带来不便。像论文之类的上翻书，页码应放在下方的中央位置以便查阅。

目录页单独编页码，页码的设计形式应与正文有所不同。序言、前言和目录一样，篇幅较长时也需要单独设计页码，以上这些内容篇幅不超过一页时可采用无码。附录、参考文献、索引、后记等内容应按正文页码顺序编码。

篇章页单占页时一般应排暗码。

2. 书眉

单双页的页眉可以相同也可以不同，如果单页书眉用一级标题，则双页书眉应用书名，如单页书眉用二级标题，则双页书眉应用一级标题，总之，双页书眉应比单页书眉高一个等级。书眉的文字一般应排在天头的位置，并在字体和字号上与正文有所区别。

书籍中的空白页、另面起排的篇章页可不排书眉。当图片超出版心占据了书眉位置时也可不排书眉。

（九）标点符号

1. 行首标点禁则

以下排在句中及句尾的标点符号不能出现在行首。

、	，	；	。	！	.	：	？	·
）	＞	》	】	｝	～	’	”	

2. 行末标点禁则

以下排在句中、句首或词首的标点符号不能出现在行末。

（	【	｛	·	‘	“	＜	《	￥	$

3. 行末拆分禁则

换行时，下列情形不可拆分：

(1) 完整数字。

(2) 占两个字的符号，如省略号、破折号。

(3) 数字前后附加的符号，如55%、－30℃等。

4. 下角点和中圆点

下角点“.”作为英文句号和小数点在外观上没有区别，但在使用上区别很大。英文句号可以有半角和全角之分，但小数点则绝对不可以用全角标点，题序中的下角点可以使用全角，也可以使用半角。带小数点的数字是不可以在小数点处换行的，但在英文句号后换行是理所当然的。

中圆点“·”不但表示外国和少数民族名字的姓和名之间的间隔，而且表示书名和篇名之间的间隔，在数学中还可以表示乘号，如“a·b”。

翻译的外国人名，译名的间隔号处于中文后时用中圆点，如美国作家埃·布·怀特；处于外文后时应用下角点，如埃·B. 怀特；在纯外文的外国人名中要遵照国际习惯用下角点，如：E. B. White。

5. 小圆圈

中文句号“。”应排在文字的右下角，标点符号居中排时应排在居中位置。

表示度数的“°”应排在数字的右上角，摄氏度也可以直接用“℃”来表示。

6. 短横线

（1）英文连字符“-”占 1/3 个汉字的宽度，它的位置较低，与英文字符相匹配。

（2）半字线“–”占半个汉字宽，位于汉字的中央，常用做减号、负号，也用于复合词组合各种型号、牌号、图表的序号等。

（3）一字线“—”也称英文破折号，占一个汉字的宽度，用于表示起止及标准代号与年代的分隔号等，如：GB2312—80、中国—巴西等。

（4）中文破折号“——”，占两个汉字宽。

（5）波浪线“～”，占一个汉字宽，一般表示数字的起止范围，如“1949～2006”“30%～50%”。

7. 小蝌蚪与硬撇

小蝌蚪位于文字的右下方时为中文逗号，位于文字的右上方时可以表示单引号、外文缩略词符号（如 didn't）、所有格符号（如 Lilly's book）、汉语拼音中的隔音符号（如 Xi'an）。

硬撇“′”是表示“分”的符号，双硬撇“″”是表示秒的符号。在数学中，硬撇可用于上角标（如 A′）和导数（如 f′）。

8. 中英文标点符号差异

（1）中文有英文无。如顿号“、”间隔号“·”着重号“.”。

（2）中英文皆有，但写法不同。如中文句号为空心圆圈，英文句号为实心圆点。

（3）中英文皆有，但位置不同。如省略号，中文在行中，英文在行底；冒号，中文居下，英文居中。

（4）中英文皆有，但规则不同。如省略号，中文中省略号后不能加任何标点符号，英文中省略号后可加句号，就变成了 4 个小圆点。

（5）中英文名称一样，但用法不同。如句号，中文只能用在句尾，但英文可以用在名词中，表示省略的意思，如 Mrs.、Dr. 等。

（6）中文无英文有。如连字号（-）。

（7）中英文形式截然不同，但表达同一种作用。如中文的书名号，英文则用字底波浪线或斜体表示。

（十）英文大小写的使用

一般情况下，英文字母常用小写表示，但在下列情况下应予大写。

（1）每个段落的段首字母，每句话的句首字母均用大写字母，人称代词 I 永远是大写。如：That is a best song that I have ever heard.

（2）人名中的姓、名的首字母要大写。如：Li Hongbing。

（3）地名、建筑物名称、朝代名称中属专有名词部分，首字母应大写。如：Shanghai。

（4）国家、国际组织、国际会议、条例、文件、机关、党派、团体、学校等名称中，其实词的首字母应大写。如：the People's Republic of China。

(5) 为了突出主题，有时书刊的标题、章节名称等也可全部用大写字母表示。

(6) 缩写的英文单词一般用大写。如 ISO。

二、标题排版规范

(一) 标题的字体、字号

标题的字体应与正文的字体有所区别，既美观醒目，又要与正文字体协调。标题字和正文字如为同一字体，标题的字号应大于正文。

标题的字体字号要根据书刊开本的大小来选用。一般来说，开本越大，字号也可相应加大。16 开版面可选用一号字或二号字作为一级标题，32 开版面可选用二号字或三号字作为一级标题。

当一本书中有多个级别的标题时，标题的字号原则上应按部、篇、章、节的级别逐渐缩小。常见的排法是：大标题用二号或三号，中标题用四号或小四号，小标题用与正文相同字号的其他字体。

(二) 标题的占行和行距

标题所占位置的大小，视具体情况而定。

篇幅较多的经典著作，正文分为若干部或若干篇，部或篇的标题常独占一页。

一般书籍，如果是另面起排，一级标题所占位置要大些，约占版心的 1/4，相当于正文的六七行，一般上空三四行，下空二三行。如果是接排，一级标题约占四五行，二级标题约占二三行，三级标题约占一二行。如果一、二级标题或一、二、三级标题接连排在一起时，除上空不变外，标题和标题之间的行距要适当缩小。

标题在一行排不下需要回行时，如果使用的是二号字，则行间加 1 个五号字的高度；如果使用的是三号字，则行间加 1 个六号字的高度；如果使用的是四号字或小于四号字的字号，则行距与正文相同。

(三) 标题的排版方法

1. 居中标题

把标题排放在水平方向上的居中位置。这种标题用得最多，既可有序数或篇章序数，也可没有。

2. 边题

边题通常有两种排法。其一是顶格排，边题占正文两行位置；其二是缩进两格排，只占一行位置。

3. 段首标题

标题与正文一样缩进两格排，标题后加排句号，空一格接排正文；若标题后不加句号，则可空两格接排正文。

4. 提示标题

提示标题也称窗式标题，是以文本框的形式在正文的内部或者边角上嵌入一个标题，就如同在文中开了一个窗户，可以增强版式的活泼性。

（四）标题排版的一般规则

1. 序文同行

标题的题序和题文一般都排在同一行，题序和题文之间空一字，题文如为两字，中间可空两字，如为三字，字间可空一字。

2. 慎用标点

题文的中间可以穿插标点符号，最后用半角标点。题末除问号和感叹号以外，一般不排标点符号。

3. 控制行长

每一行标题不宜排得过长，最多不超过版心的 4/5，排不下时可以转行，下面一行比上面一行应略短些，同时应照顾语气和词汇的结构，不宜任意割裂。有题序的标题在转行时，次行最好与上行的题文实现左侧对齐。

4. 节约版面

为了节约版面，节以下的小标题，一般不采用左右居中占几行的方法排版，而是采用段首标题的形式排版，用与正文字号相同的黑体字排在段的第一行行头，题前空两字，题后空一字。

5. 严禁背题

标题以不与正文相脱离为原则。如果恰巧排在版心的末端，而下面的正文却在下一面上，这种情况叫做背题，必须避免。各种出版物对背题的要求也有所不同。有的出版物要求二级标题下不少于三行正文，三级标题下不少于一行正文。没有特殊要求的出版物，二、三级标题下应不少于一行正文。

出现背题现象时，调整版面，不可采用直接改变行距的方法，最好的方法是用改变标点符号的全角、半角来调整或采用调整插图大小的方法。

三、表格排版规范

（一）字号小于正文

表内字号的大小应小于正文字号，在科技书籍和杂志中，表格常用的文字以六号为多，有时也用小五号。

（二）要素齐备规范

每个表格都应有自己的表题和表序。如果有表注，表注与正文之间至少空半行的位置。表注通常用六号字，表注宽度不得大于表格总宽度，表注换行方法与表题相同，表注末要加句号。表注中有 1.、2.、3. 等序号时，内容较少时可接排，内容较多时可换段排。

（三）框线文本格式统一

一个完整的出版物中项目相同的表格应保证表线粗细、表中各种字体字号各自的统一。反线用做表格框架，正线用做表格中间，双线用做表格宽度超过版心时分拆换行重排的标志。

（四）限宽不限高

在同一个表格中，行高可根据实际所需加减，但行宽不可随意变动。表格尺寸的大小受版心规格的限制，一般不能超出版心。

（五）字线分离

表格中的字符与表格的栏线、行线不能相连，原则上以空半字为宜。

（六）数值后边不带单位

表格中的数值后边不应出现物理量的名称或单位。如果全表有统一的单位，一般将单位写在表题下一行离右版口一字的位置。如果每栏或每行各有单位，应放在栏头或行头另行排，不加括号。表中物理量与单位之间平排时，应按国家标准规定用斜线“/”隔开。

（七）表随文走

表格的位置一定要出现在相关的正文后面，绝不能先出现表格，后出现相关的正文。

（八）尽量不跨页

表格排版尽量不要跨页，如果本页无法排完，可以压缩表中文字的字号，或者将表完整地排在下一页中，但绝不能排到下一页新的章节中。

（九）数字符号规范

表格中的数字一律使用阿拉伯数字，表格中的单位必须使用国际通用单位符号，对于尚没有统一规定的专用符号，则可用中文表示。当每栏中的各行都是数据时，应力求数字的个位垂直对齐。即不管小数点的位数是否相等，应以小数点为准垂直对齐，从而使数字看得清楚。

（十）禁用替代符号

表格中同一栏内的上下行文字或数字相同时，不得使用“同上”“idem”“"”等文字或符号代替，而必须重复排出相同的文字或数字。

（十一）表头规范

表头如果为单层或双层，每层高度不能小于表身行高。如果表头多层，表身总高小于表头总高，则可适当加高表身高度，满足视觉的平衡感。表头的字可根据字数多少采用横排、竖排、疏排或密排。一般在表格中要上下左右居中，如果表头有斜线，斜线两端的文字需沿斜线斜排，字距要相等。

（十二）表宽计算规范

为了使表格排列合理、迅速和美观，我们通常需要先对表格的排版特别是表格宽度的排版进行计算。计算的方法通常是：将版心宽度折合成表格文字每行的字数，减去总共的栏数（因为每栏需左右各空半字距离），再除以栏数，便可得出每栏用字数表示的宽度。

（十三）表内文字规范

表格中的文字可使用标点符号，但段末一般不用标点符号。

四、图文混排规范

(一) 插图的排版规范

1. 图序、图名、图注及其版式

图序、图名和图注一般排在插图的正下方，左右居中排列。

图序、图名和图注应使用比正文小的字号排版。如果两者用同种字号，则图序、图名用黑体，图注用宋体，以求醒目。

2. 插图的位置规范

(1) 先文后图。一般正文中的插图都应尽量排在有关文字的附近，并按照先看文字后见图片的原则处理，文图应紧紧相连。如有困难时，可稍移前或移后，但不能离文太远，更不能移至别的章节。图与图间要适当排 3 行以上的文字，以做间隔，图片上下应避免空行。版面开头以排 3～5 行文字再排图为宜。

图片要排在一段文字结束之后，不要插在一段文字的中间，因为一个段落被中间切断，会影响读者阅读。

(2) 大图居中，小图靠边。图片宽度超过版心的 2/3 时，一般都把图片左右居中排，两边留出的空白要均匀一致，不排文字。

图片宽度小于版心 2/3 时，图片应靠边排（这种图的旁边排有正文文字，所以称卧文图、串文图或盘文图)。如果一面上只有 1 个图，图片应排在切口的一边；如果有两个图，应交叉排，上图靠在切口一边，下图靠在订口一边，上下两图之间必须排有长行文字；如果有 3 个图，则应将第一图及第三图排在切口一边，第二图排在订口一边。卧文图与文字之间的距离，一般以空 1 个正文字为准，最少不得少于正文行距的大小。

(3) 小图栏内排，大图破栏排。在分栏排的版面中，小插图应排在栏内，大插图则可以破栏排。

(4) 特殊情况灵活变通。如果按照先文后图的排法造成图文不处于一个页面时，应灵活处理，把图排在有关文字之前，即图在上一面之末，文在下一面之首。

如果一段正文有很多插图，必须严格按照图的次序排版，几个图最好排在同一面上。如果一面排不下，可以把一些图放在文前，另一些图放在文后。

(二) 计算机排版中对图片的要求

在计算机排版中，图像的清晰度很大程度上是由图像的分辨率决定的。图像的分辨率是指在图像存储时每英寸存储图像单元的像素数，单位为 DPI（点/英寸)。图像的分辨率越高，图像的存储精度越高，所需的存储空间越大，文件才有可能越清晰。

黑白照片印在胶版纸上，对图片的分辨率要求在 200～250DPI。彩色照片印在铜版纸上，对图片的分辨率要求在 300～400DPI。同时，要求图片的存储格式为 TIFF，彩色图片的色彩模式为 CMYK 模式。

如果图片中带有线条或文字，如黑白线条图、地图等，则要求用 CorelDraw、FreeHand、Illustrator 等软件做成 EPS 格式的图片，才能在印刷中保证图片的质量。如果使用 Photoshop 将图片制成 350DPI 的点阵图像，图中的文字将会变得很虚或者出现肉眼看得见的点阵梯阶。如果一定要用 Photoshop 制作带有文字的图片，则必须将图像分辨率提高到 600～1200DPI 才能确保文字的质量。

五、目录与参考文献的排版

（一）目录排版规则

目录所列标题和页码要与正文中的标题页码严格一致。目录排版的关键是层次清晰，一般不要超过五级标题。

目录中的文字排版过去一般是用宋体五号字，其后加连点，后随阿拉伯页码的方式。

但现在目录的版式设计多种多样，不用三连点的排法十分流行，页码排在左侧的情况也越来越多。

此外，目录的排版还要遵循以下规则。

1. 逐级退格

目录中一级标题顶格排，折行后退后一格或两格排二级标题。

2. 巧用分栏

图书通栏排的居多，报刊双栏排的居多。

3. 回行退格

目录文字如遇回行，行末要留出 3 个汉字的位置，回行后的行首应比上行文字退一格或两格。

4. 距离适当

在传统的目录排法中，标题与页码之间至少要有两个字宽的三连点，否则应另起一行。

（二）参考文献排版规则

参考文献是作者写作或编著时，引用、参阅和核对的主要著作或资料的记录。参考文献不但可以作为作者的论据，而且可以提高著作的可信度，避免不必要的版权纠纷。

参考文献一般排在全书的最后或有关文章的后面，其序号加方括号，字号一般比正文小一号。参考文献的著录格式一般参照国家标准 GB/T 7714—2005 执行。以下针对本书读者，简单归纳两种类型的著录格式。

图书类参考文献的著录格式为：

主要责任者．书名［文献类型标识］．版本项．出版地：出版者，出版年：引文页码［引用日期］．获取或访问路径．

例：孙家广．计算机图形学［M］．第 3 版．北京：清华大学出版社，1998：76－96.

文章类参考文献的著录格式为：

主要责任者．文章题名［文献类型标识］．期刊题名：其他题名信息，年，卷（期）：页码（引用日期）．获取或访问路径．

例：李四光．地壳构造与地壳运动［J］．中国科学，1973（4）：400－429.

(三) 索引排版规则

索引一般排在全书的最后，采用分栏的形式排出。索引的字号、行距一般要小于正文。

无论采用哪一种方式排版，都应注意笔画、拼音和字母顺序的正确性，并核对索引条目后附缀的正文页码。如正文页码有变动时，要相应改正索引的附缀页码。

按照音序排版时，要特别注意同音字问题，使用计算机自动的排序功能很难解决同音字问题。

任务三　Publisher 2003 基本操作

【任务目标】

熟悉 Publisher 2003 的初始窗口，掌握创建出版物和模板的方法，掌握文字框架的使用方法，能够利用 Word 编辑文字框架中的文字，学会使用版式工具，学会打印出版物。

【建议学时】

2～4 学时。

【任务内容】

一、浏览 Publisher 2003 窗口

启动 Publisher 2003，其初始窗口显示如图 3－11 所示。

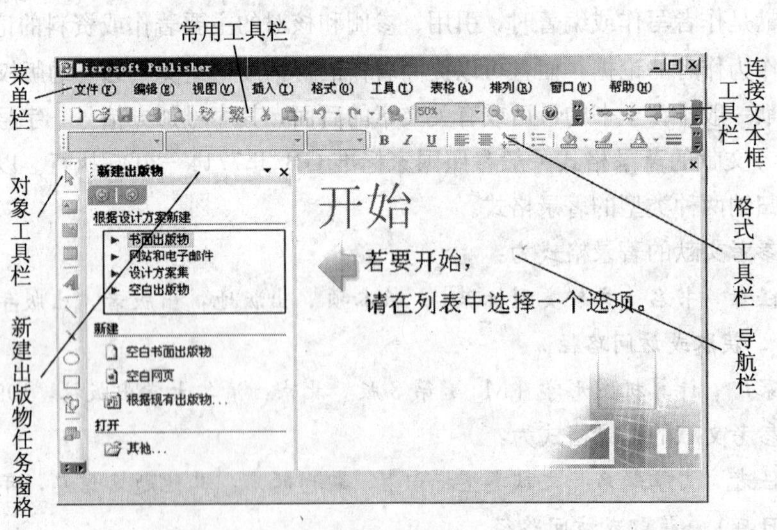

图 3－11　Publisher 2003 的初始窗口

Publisher 2003 的初始窗口主要由以下几部分构成。

（一）菜单栏

菜单栏提供对用于在 Publisher 2003 中创建文档的命令和设置的访问。要从 Publisher 2003 中选择命令，请打开菜单，指向子菜单，然后单击所需命令。例如，可以使用“视图”菜单“显示比例”子菜单中的相关命令来调整作品的显示比例。

（二）工具栏

工具栏提供对常用命令的快速访问。Publisher 2003 启动后，默认显示的工具栏有 4 个，即常用工具栏、格式工具栏、连接文本框工具栏和对象工具栏。常用工具栏、格式工具栏和连接文本框工具栏依次排列在菜单栏的下方，对象工具栏纵向排列于窗口下部的最左侧。

（三）新建出版物任务窗格

新建出版物任务窗格位于窗口下部的左侧，紧靠对象工具栏，提供了新建出版物的两种途径和打开已有出版物的按钮命令。

（四）导航栏

导航栏位于窗口下部的右侧，用于告诉我们怎样开始工作。

二、创建出版物

（一）根据设计方案新建出版物

在“新建出版物”任务窗格中“根据设计方案新建”选项区下，单击“书面出版物”选项卡，屏幕显示如图 3－12 所示。

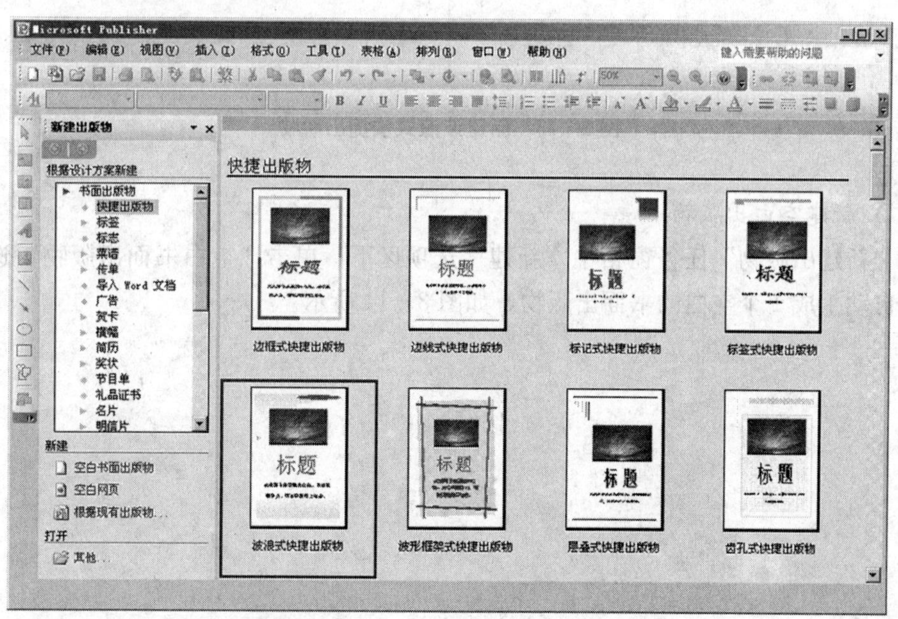

图 3－12　根据设计方案新建书面出版物

Publisher 2003 内置了快捷出版物、标签、标志、菜谱、传单等 20 多种书面出版物的设计方案集，单击任务窗格中希望使用的设计方案集，如“快捷出版物”，窗格的右侧会显示该方案集中各设计方案的预览。

在预览窗口中单击希望创建的出版物的类型，如“波浪式快捷出版物”，系统即可自动创建 1 个基于该设计方案的书面出版物。在该出版物中输入具体内容，即可轻松完成该出版物的排版操作。如图 3－13 所示。

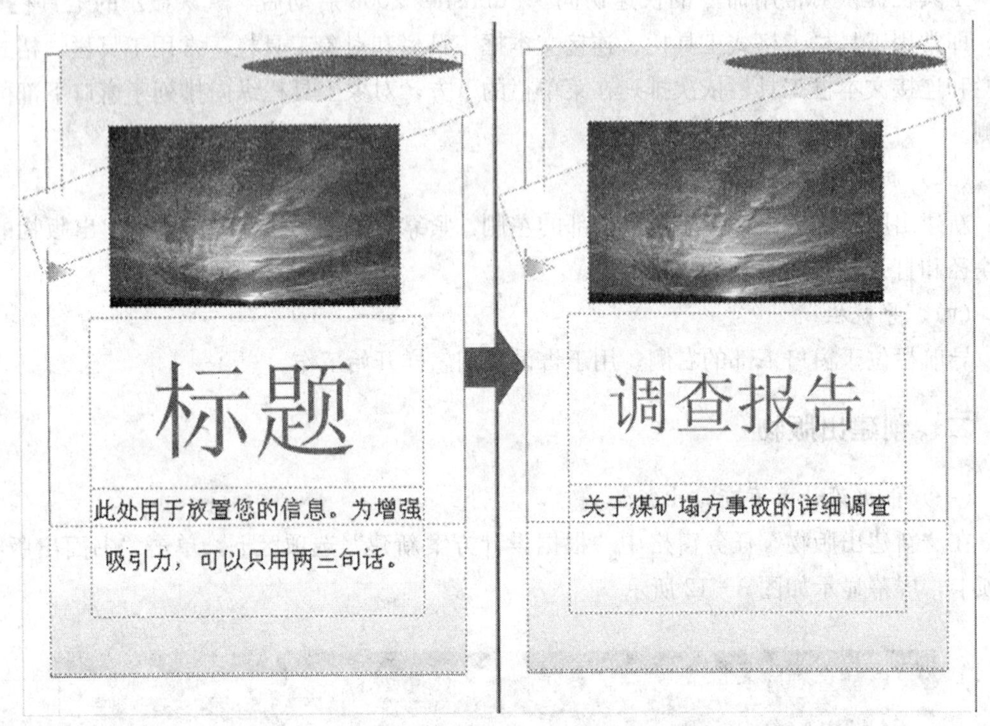

图 3－13　新建波浪式快捷出版物

（二）新建空白出版物

在“新建出版物”任务窗格中“新建”选项区下，单击“空白书面出版物”选项卡，系统会自动生成 1 个空白的书面出版物，如图 3－14 所示。

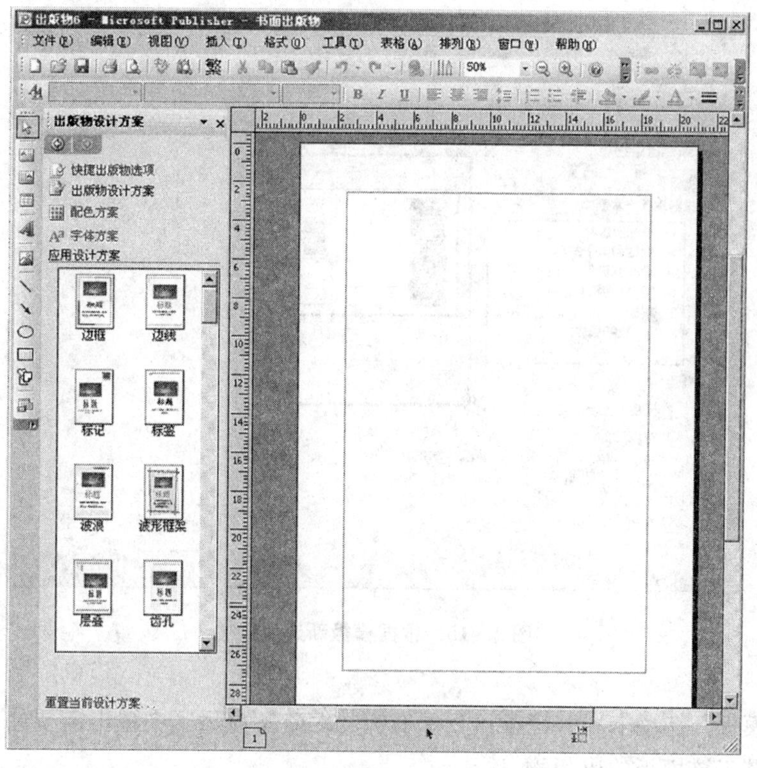

图 3－14　新建空白书面出版物

用户可以根据自己的需要在空白书面出版物中自由添加所需要的内容。

三、创建模板

从头开始制作出版物需要花费大量的时间和精力。在发出明信片、办公室公告或新产品信息的海报之后，其中的某些设计元素可能会给我们留下较为深刻的印象。若能重复利用这些设计元素，就可以节约时间、降低成本，还可以使我们的作品独一无二、富于个性化并且易于识别。

模板是创建新的出版物时用做基础的模型出版物。创建模板可以按照以下步骤进行：

第一步，创建 1 个出版物。

第二步，按照自己的喜好或需要设置其构成元素。

第三步，从“文件”菜单中单击“另存为”命令。

第四步，在“文件名”框中键入模板的文件名。文件名应为 1 个类别名，如“明信片”“海报”等，以防与其他具体的 Publisher 文档发生混淆。

第五步，在“保存类型”列表框中，选择“Publisher 模板”。这样，该出版物将自动保存在 1 个名为“Templates”的 Publisher 模板文件夹中。

当希望访问模板并基于此模板制作另一出版物时，“新建出版物”任务窗格的“根据设计方案新建”选择区中将会出现“模板”选项卡，如图 3－15 所示。

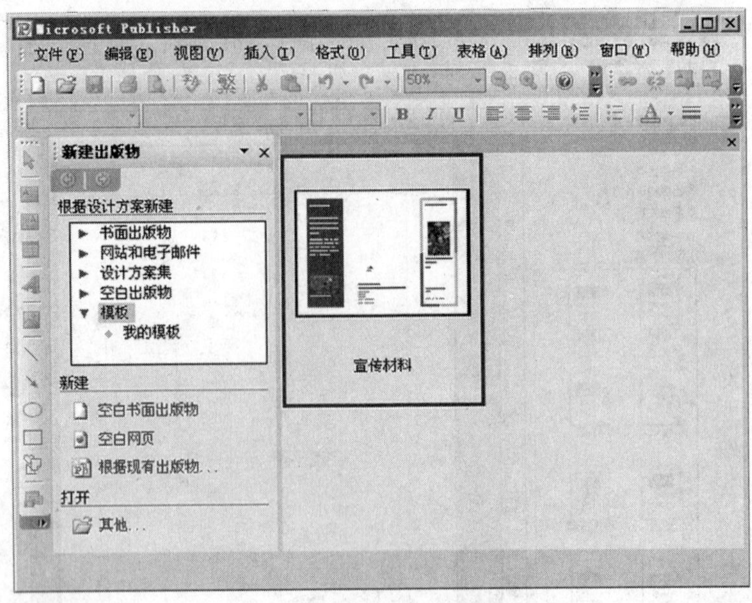

图 3-15 根据模板新建出版物

单击“模板”选项卡，并在窗口下部右侧的缩略图显示区中单击需要使用的模板，即可新建一个基于该模板的出版物。

【注意】 只有在用户创建了模板之后，“新建出版物”任务窗格的“根据设计方案新建”选择区中才会出现“模板”选项卡。

四、使用文本框

在 Publisher 2003 中，所有文字必须在放置到文本框中之后，才能对其进行编辑或设置格式。将文字输入到文本框中的方法取决于创建出版物的方法。

（一）替换文本框中的文字

如果选择根据设计方案新建出版物，则文档中的文本框内将填充示例文字。用户可以按照以下步骤替换这些文字。

第一步，单击希望修改的文本框中的示例文字，系统会自动选中这些文字。如果需要放大文本框的显示比例以便看得更加清楚，可按下【F9】键。再次按下【F9】键可还原文本框的原有显示比例。

第二步，键入自己需要的文字，替换掉示例文字。或者先按下【Delete】键，删除这些示例文字，然后重新输入自己需要的文字。

【注意】 如果需要删除原有的文本框，请单击文本框的边缘选中该文本框，然后按下【Delete】键。

（二）创建文本框并输入文字

如果是从头开始创建 1 个空白出版物，或者是已经删除了原有文本框，则可创建自己的文本框，并向其中添加文字。操作步骤为：

第一步，单击“对象”工具栏上的“文本框”或“竖排文本框”工具。

第二步，将鼠标指针放置于文本框需要开始的位置上，然后沿对角线方向拖动，即可形成一个新的文本框。

第三步，释放鼠标，光标自动停留于文本框的起始位置，即可开始输入文字。

（三）文本框的格式设置

1. 设置文本框中文字的格式

要设置框架中文字的格式，首先需要选定框架中的文字。然后，如果需要更改字体，可单击“格式”工具栏中字体选择框旁边的下拉箭头，在显示的下拉字体列表中选择自己需要的字体；如果需要更改字号，可单击“格式”工具栏中字号选择框旁边的下拉箭头，在显示的下拉字号列表中选择自己需要的字号或者磅数，或者通过单击格式工具栏上的“减小字号”或“增大字号”按钮来实现调整字号的目的。

2. 设置文本框中段落的格式

要设置文本框中段落的格式，首先要选中需要设置格式的段落或者把光标放入需要设置格式的段落中，然后选择“格式”菜单中的“段落”命令，打开“段落”对话框，如图 3－16 所示。

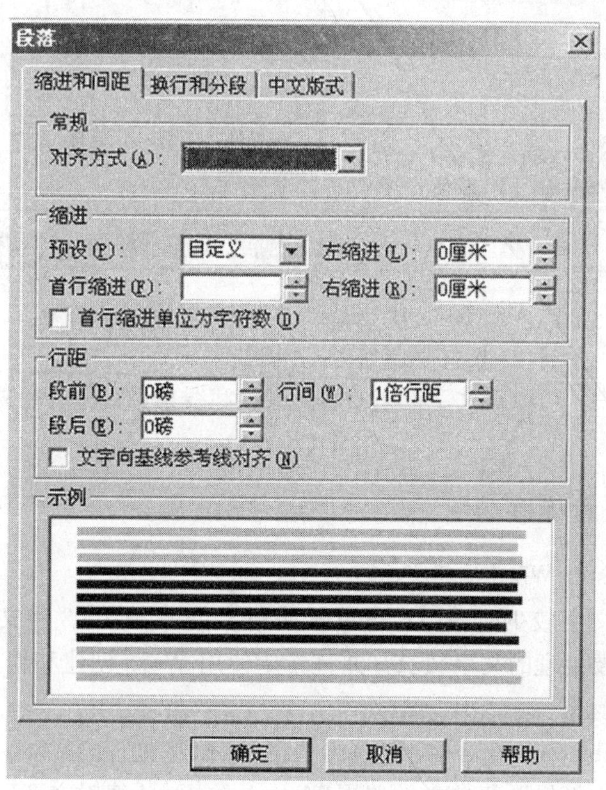

图 3－16　段落对话框

在这个对话框中，可以对段落的缩进和间距、换行和分段以及中文版式等进行设置。

3. 设置文字框架自身的格式

要设置文字框架自身的格式，可通过单击框架边线选择该框架，然后通过单击“格式”菜单中的“文本框”命令或者通过单击鼠标右键并在快捷菜单中选择“设置文本框格式”命令，打开“设置文本框格式”对话框，如图 3－17 所示。

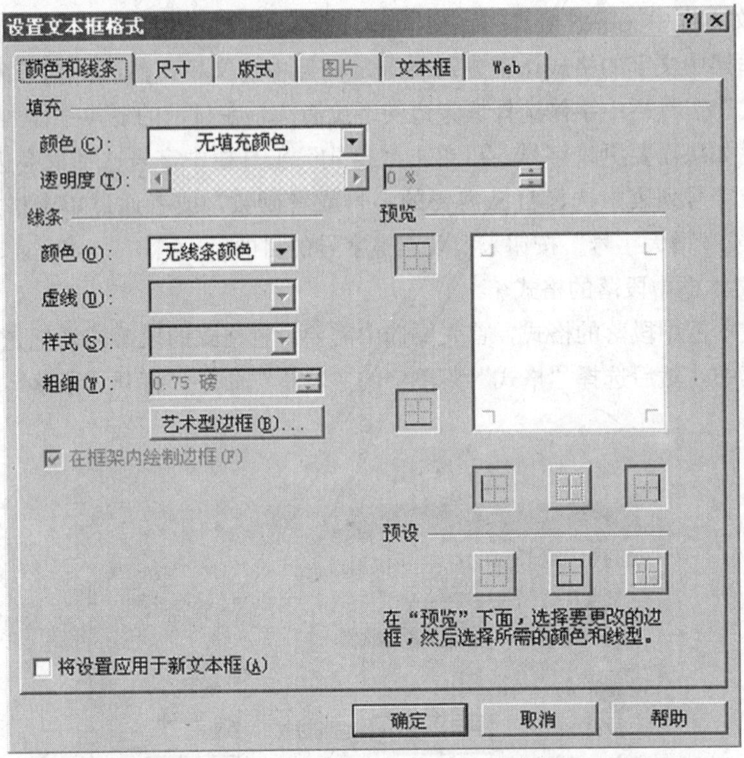

图 3－17　设置文本框格式对话框

在这个对话框中，可以对文字框架的填充颜色和线条、尺寸、版式、对齐方式、分栏等进行设置。

五、与 Word 程序联动

（一）用 Microsoft Word 编辑文章

当需要处理的文字较少时，用户可以仅使用 Publisher 2003 将文字输入到文字框架中。但是，如果需要处理的文字较长，并且希望使用 Word 创建和编辑文档的强大功能，则可按照以下步骤操作。

第一步，在 Publisher 2003 中，选择希望在 Word 中处理的文字。

第二步，单击“编辑”菜单中的“用 Microsoft Word 编辑文章”命令，或者用鼠标右键单击选中的文字，然后指向并单击快捷菜单上的“修改文字”→“用 Microsoft Word

编辑文章”命令，即可在Word中打开一个新文档，并插入Publisher 2003中的选定文字，用户即可利用Word强大的文字处理功能对文字进行编辑。

第三步，完成对文章的编辑后，单击“文件”菜单中的“关闭并返回（出版物名称）中的文档”命令，即可返回出版物编辑页面。

（二）导入Word文档中的文字

如果希望将Word文档中的文字导入到出版物中的文字框架中，可按照以下步骤操作。

第一步，在文字框架中单击鼠标，把光标放置到希望导入文字的起点处。

第二步，单击“插入”菜单中的“文本文件”命令，打开“插入文字”对话框，如图3-18所示。

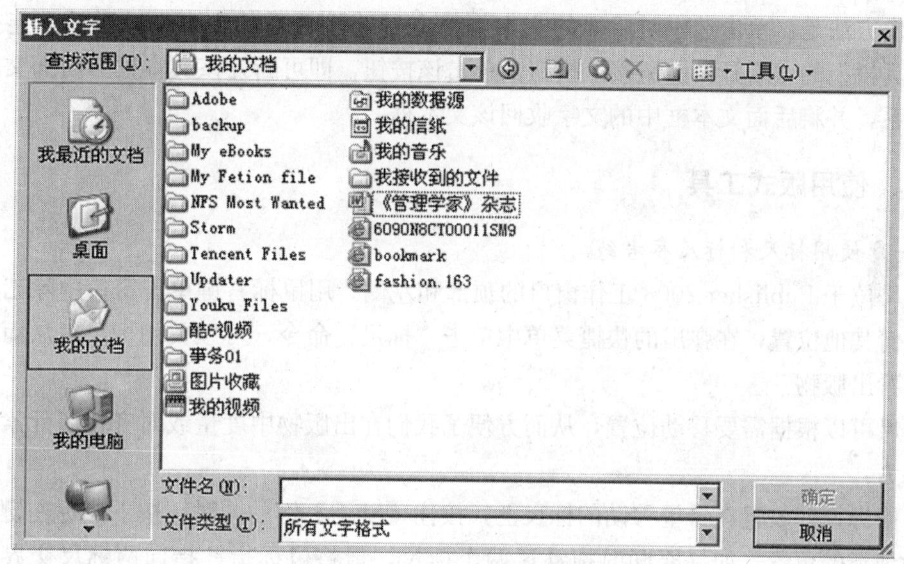

图3-18　插入文字对话框

第三步，找到需要插入的Word文档所在的位置并单击选中，然后单击“确定”按钮，即可将Word文档中的文字插入出版物中的文字框架中。

六、文本框的连接

（一）自动排列文本框

在导入文本文件的过程中，如果Publisher 2003的文本框无法容纳导入的文本文件，Publisher 2003会显示1条消息，询问用户是否要使用自动排列。如果选择“是”，Publisher 2003将查找空文本框或创建新的文本框以容纳溢出文字，并自动将此文本框与第1个文本框连接起来。

当两个或多个文本框之间建立起了连接关系时，第1个文本框中溢出的文字将会自动排入下 1 个连接的文本框。连接文本框的链（也称为文章）可以跨越多个页面并可多栏显示。

（二）手动连接文本框

通过下列方法，可手动连接文本框：单击包含溢出文字的文本框将其选中，再单击“连接文本框”工具栏上的“创建文本框链接”按钮。指针变为罐状指针，然后再单击要连接到的文本框。

（三）连接文本框的定位

已连接的文本框将会在每个文本框一角显示“定位至下一文本框”和“定位至前一文本框”按钮。单击这些按钮，可以将当前页面切换至下一文本框或前一文本框。

（四）连接文本框的断开

使用“连接文本框”工具栏上的“断开向前链接”按钮可断开两个文本框之间的链接。操作方法是：单击选中与后面的文本框建立了连接关系的文本框，激活“连接文本框”工具栏上的“断开向前链接”按钮，单击该按钮，即可断开该文本框与后面文本框的连接关系，并将后面文本框中的文字收回该文本框。

七、使用版式工具

（一）使用标尺和标尺参考线

标尺位于 Publisher 2003 工作窗口的顶部和左侧。用鼠标右键单击窗口中除工具栏以外的任何其他位置，在弹出的快捷菜单中单击“标尺”命令，可以关闭标尺，从而更大程度地查看出版物。

标尺可以根据需要移动位置，从而方便了我们在出版物中度量或对齐排版元素。移动的方法为：

将鼠标指针放置在希望移动的标尺上，按住【Shift】键的同时，按下鼠标左键，将标尺拖动到新的位置。如果要同时拖动这两个标尺，请将鼠标指针指向两标尺交界处的方框，并在按住【Shift】键的同时用鼠标左键拖动。

如果希望在 1 个页面上做出几个标尺标记，则标尺参考线将起到重要作用。创建标尺参考线的方法是：

将鼠标指向水平标尺或垂直标尺，按下鼠标左键向下拖动或向右拖动，即可创建一条水平标尺参考线或垂直标尺参考线，拖动至预定位置时，松开鼠标即可。标尺参考线在窗口中显示为一条绿色的点线，但在打印时不会被打印出来。

（二）使用版式参考线

版式参考线是指在出版物的各页面中都会重复出现的参考线。采用版式参考线有助于实现出版物的统一外观。

要设置版式参考线，可通过单击“排列”菜单中的“版式参考线”命令，打开“版式参考线”对话框，如图 3－19 所示。

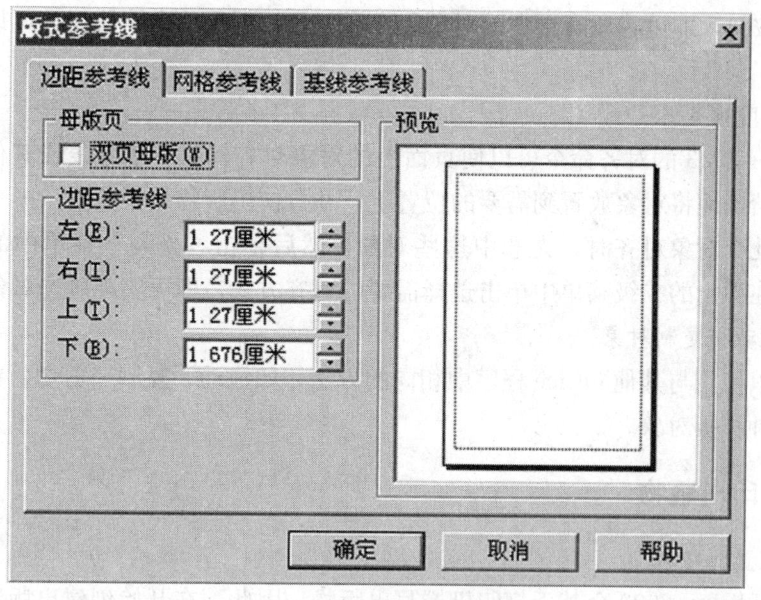

图 3-19 版式参考线对话框

在对话框中，可以对出版物的边距参考线、网格参考线及基线参考线进行设置。

（三）组合对象

当我们希望同时对多个对象进行操作时，可以对这些对象进行组合。组合的方法是：

按下【Shift】键，依次单击需要组合在一起的各个对象，最后选中的对象下方将会出现1个“组合对象”按钮，如图3-20所示。

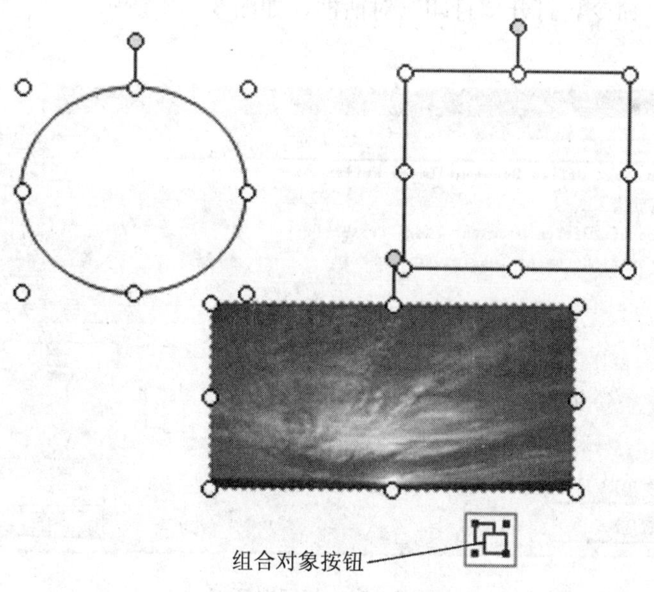

图 3-20 组合对象按钮

单击该按钮，即可将所有选中的对象组合在一起，再次单击该按钮，可以取消这些对象的组合。

（四）使用对齐

Publisher 2003 的对齐命令可以使页面上的对象对齐标尺、参考线或其他对象。使用该功能可以精确地将对象放置到需要的位置上，并可使出版物外观整洁。

需要把几个对象对齐时，先选中这些对象，然后单击“排列”菜单中的“对齐或分布”命令，在弹出的二级菜单中单击选择需要的对齐方式，即可实现所选对象的对齐。

（五）移动和复制对象

用户可以使用与其他 Office 程序中相同的方法，如拖动、复制、剪切、粘贴等，来移动和复制各种排版对象。

八、打印出版物

（一）设置打印机

由于 Publisher 2003 会基于打印机撰写出版物，因此，在开始创建出版物之前，用户需要检查默认的打印机设置。

打开“打印机和传真”窗口，用鼠标右键单击“默认打印机”，在弹出的快捷菜单中单击“属性”命令，打开“打印机属性”对话框。在这个对话框中，可以对纸张大小、页面方向、打印机分辨率和其他打印机选项进行设置。在此对话框中所做的设置对在 Publisher 2003 中打印的所有出版物均有效，直到做出新的设置为止。

（二）设置打印选项

要在 Publisher 2003 中自定义打印选项，请打开希望打印的出版物，并从“文件”菜单中选择“打印”命令，打开“打印”对话框，如图 3－21 所示。

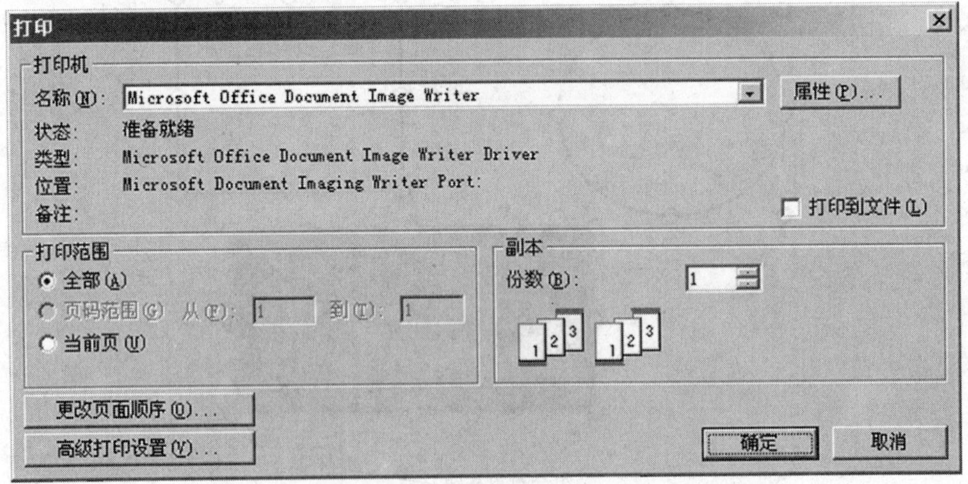

图 3－21　打印对话框

单击对话框中的“属性”按钮，可以打开“属性”对话框，并在对话框中设置纸张大小和页面方向等。

单击对话框中的“高级打印设置”按钮，可以打开“高级打印设置”对话框，如图3－22所示。

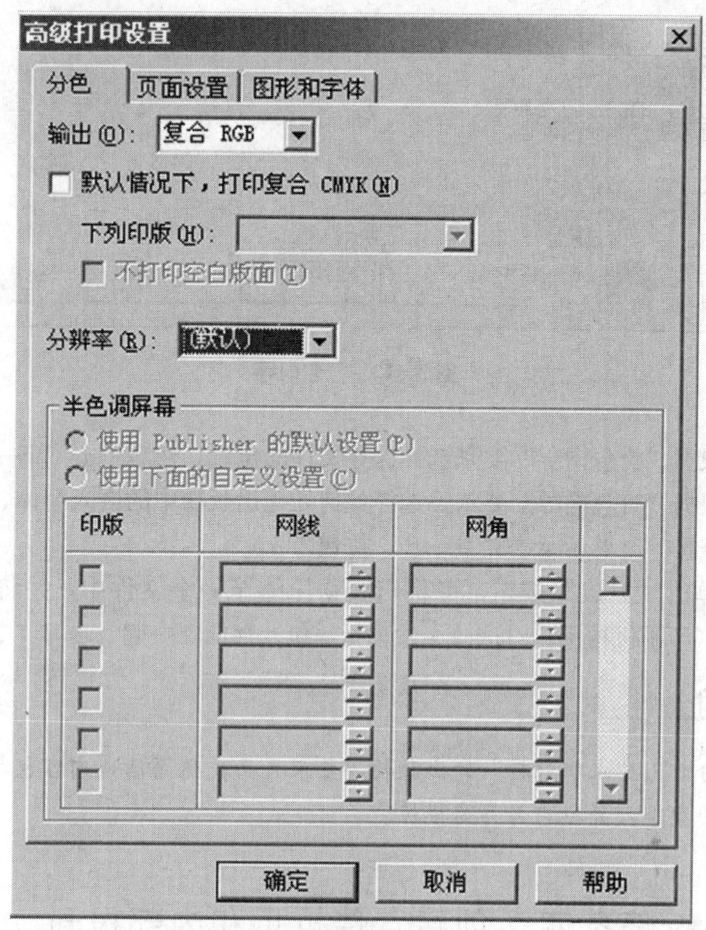

图3－22　高级打印设置对话框

在这个对话框中，可以设置打印机的分辨率、色彩模式、页面设置、图形和字体等。

（三）使用专业印刷机构的服务

如果希望以高分辨率的黑白、专色或者混色等打印方式显示已完成的产品，则应将出版物送至专业印刷机构。

要设置欲交付给专业印刷机构的出版物，可按照以下步骤进行操作。

第一步，单击“文件”菜单中的“打包”命令，然后单击弹出的二级菜单中的“带至专业印刷机构”命令，此时会出现“打包向导”对话框，如图3－23所示。

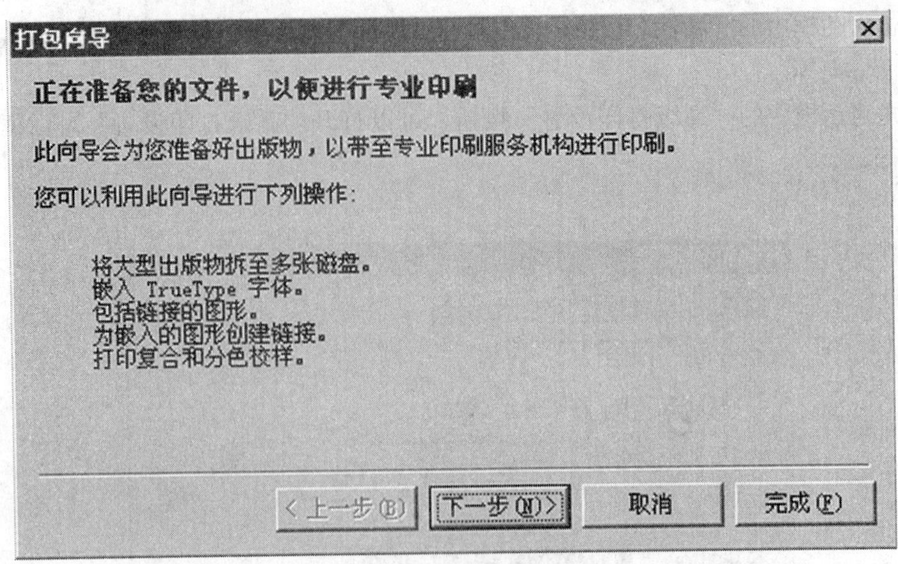

图 3－23　打包向导

第二步，根据“打包向导”要求选择保存文件的位置，然后单击“下一步”按钮。

第三步，根据“打包向导”要求，选择如何处理出版物中的嵌入字体、链接的图形以及嵌入图形的链接等，然后单击“下一步”按钮。

第四步，单击“完成”按钮，可将出版物压缩至一个文件中，并将它与一个 Unpack. exe 文件（印刷机构用它对这些文件进行解包）存储在一起。

【课后练习】

请设计一份名为“求职材料”的出版物，要求页面美观简洁，内容包括图片材料、文字材料和装饰图案等，并把它另存为模板。

任务四　创建宣传折页和内部报刊

【任务目标】

学会根据设计方案创建宣传折页和内部报刊，并能够根据需要对宣传折页和内部报刊进行编辑修改。

【建议学时】

2～4 学时。

【任务内容】

一、创建宣传折页

（一）宣传折页的概念和创建原则

宣传折页也叫小册子，是一种用来描述事件、产品或服务的可折叠携带的书面出版物，折叠方式可为二折、三折或四折。

创建宣传折页的基本原则是：使宣传折页简洁、短小、精练，并使内容布置良好均衡。

（二）根据设计方案创建宣传折页

单击“新建出版物”任务窗格中的“根据设计方案新建”列表框中的“书面出版物”，在打开的书面出版物列表中单击“小册子”，在打开的小册子列表中选择一种小册子类型，如“信息式”，然后在任务窗格右侧的设计方案缩略图列表区域选择一种小册子的具体设计方案，如“边框式信息小册子”，如图 3 - 24 所示。

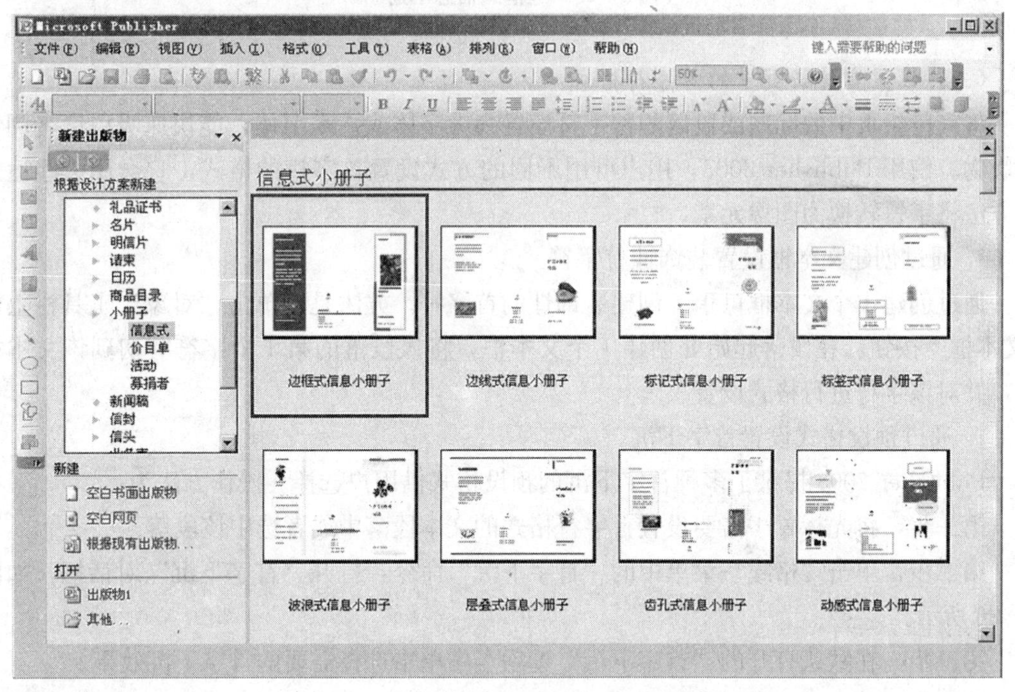

图 3 - 24　根据设计方案新建宣传折页

在该方案缩略图上单击鼠标，即可创建 1 个基于该设计方案的宣传折页，如图 3 - 25 所示。

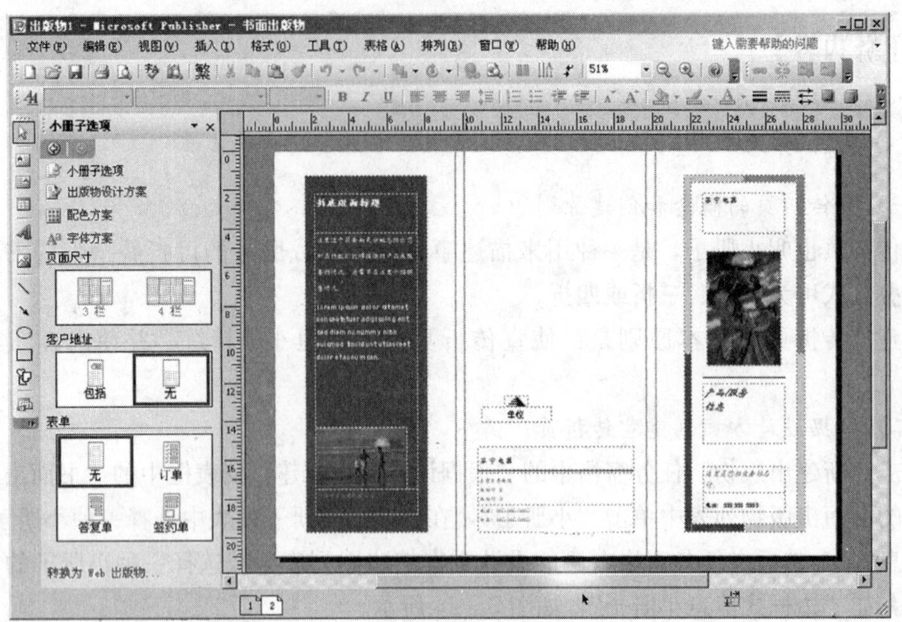

图 3-25 边框式信息小册子

（三）设置宣传折页中的首字符格式

将宣传折页中的标题或段落的首字符设置为大字体或艺术字体，能快速吸引读者阅读出版物。使用 Publisher 2003，用户可用不同的方式设置首字符的格式，它会用一些适当的方法将字符转换为图像元素。

1. 通过创建文本框设置装饰性首字符

通过创建 1 个文本框可手工创建装饰性的首字符。方法是，单击“对象”工具栏上的“文本框”按钮，在段落起始处创建 1 个文本框，将该段落的第 1 个字符剪切到该文本框中，并对该字符进行格式设置。

2. 通过预设格式设置首字下沉

Publisher 2003 提供了多种首字下沉的预设格式供用户选择。操作方法为：

第一步，将光标置于需要设置首字符格式的文本段落中或者选中该段落。

第二步，单击“格式”菜单中的“首字下沉”命令，打开“首字下沉”对话框，如图 3-26 所示。

第三步，在默认打开的“首字下沉”选项卡中单击选择需要的首字下沉效果。

第四步，单击“确定”按钮，即可实现所选效果的首字下沉。

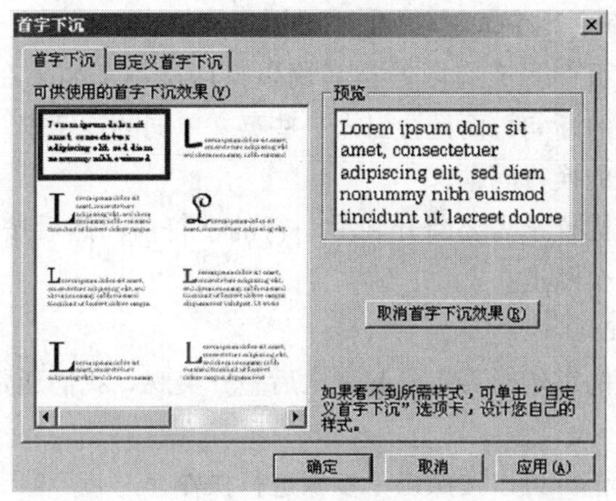

图 3－26　首字下沉对话框

3. 创建自定义首字下沉格式

如果需要创建自定义的首字下沉格式，或者需要同时为所有首字符或部分首字符设置格式，则请在打开“首字下沉”对话框后单击“自定义首字下沉”选项卡，如图 3－27 所示。

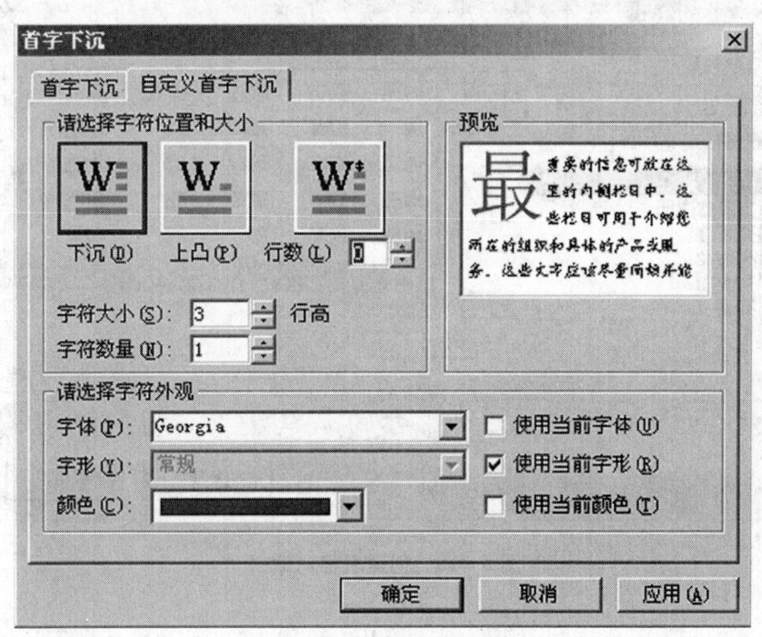

图 3－27　自定义首字下沉对话框

在这个选项卡中，用户可以自定义下沉方式、字符大小、字符数量，以及下沉字符的字体、字形和颜色等外观格式。

（四）设置宣传折页中的手工断句

在三折式的宣传折页中只有有限的空间用以打印文本。如果在标题中创建过长的文本，可能会导致不合适的断句，而且会引入一些英文单词的连字符。这时，就需要采用人工断句的方式解决标题的换行问题。

操作方法是：将光标置于需要断开到另一行的字符前，然后按“Shift＋Enter”组合键，即可在该处插入 1 个断点。

（五）创建折叠标记

为了保证完成排版的宣传折页折叠起来之后整齐美观，我们通常需要在宣传折页的折叠处创建折叠标记。

如果要创建折叠标记，可以按照以下步骤进行操作。

第一步，单击“对象”工具栏中的“插入表格”按钮。

第二步，按住鼠标左键从页面的左上角向右下角拖动，建立 1 个与版面大小相同的表格。

第三步，在弹出的“创建表格”对话框中，将“列数”设置为 1，将“行数”设置为 3，然后单击“确定”按钮。如图 3-28 所示。

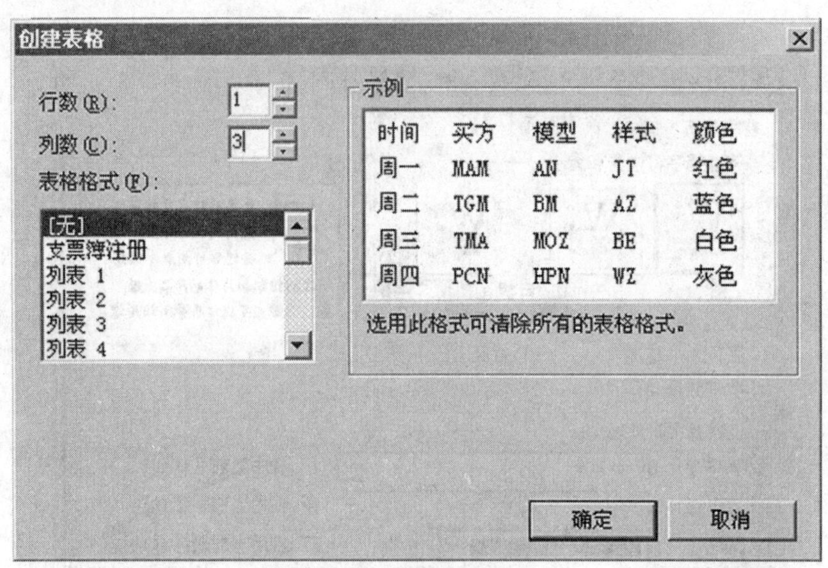

图 3-28 创建表格对话框

第四步，将鼠标指针指向“表格”菜单中的“选定”子菜单，然后在弹出的二级菜单中单击“列”命令，选中表格的第一列。

第五步，单击“格式”工具栏上的“线型/边框样式”按钮，在下拉列表中单击“0.25 磅”。如图 3-29 所示。

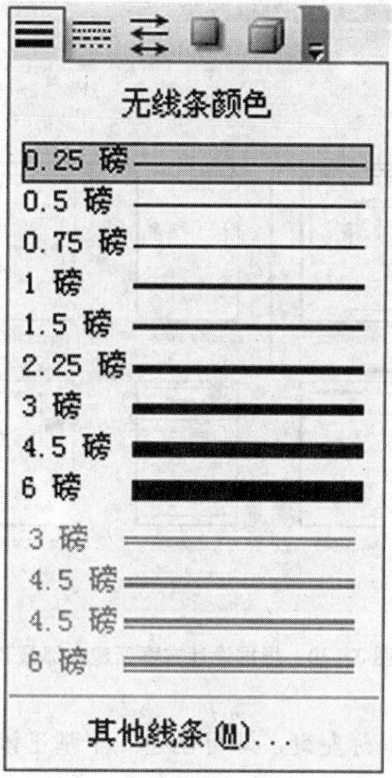

图 3-29 线型/边框样式下拉列表

第六步，选中第二列，然后重复第五步。

第七步，单击“排列”菜单中的“叠放次序”→“置于底层”命令，将表格置于版面的底层。

当打印该宣传折页时，页面中将会有平滑的直线标记出两个需要折叠的地方，以指导用户规范地折叠这些材料。

二、创建内部报刊

（一）内部报刊

内部报刊是一种定期创作出版的企业宣传材料。它主要用来向内部职工、合作伙伴、客户等群体传达企业的经营理念、工作动态、重大事项，以及用于这些组织和人员间的工作经验和情感的交流。

（二）根据设计方案创建宣传折页

单击“新建出版物”任务窗格中的“根据设计方案新建”列表框中的“书面出版物”，在打开的书面出版物列表中单击“新闻稿”，然后在任务窗格右侧的设计方案缩略图列表区域选择一种新闻稿的具体设计方案，如“边框式新闻稿”，如图 3-30 所示。

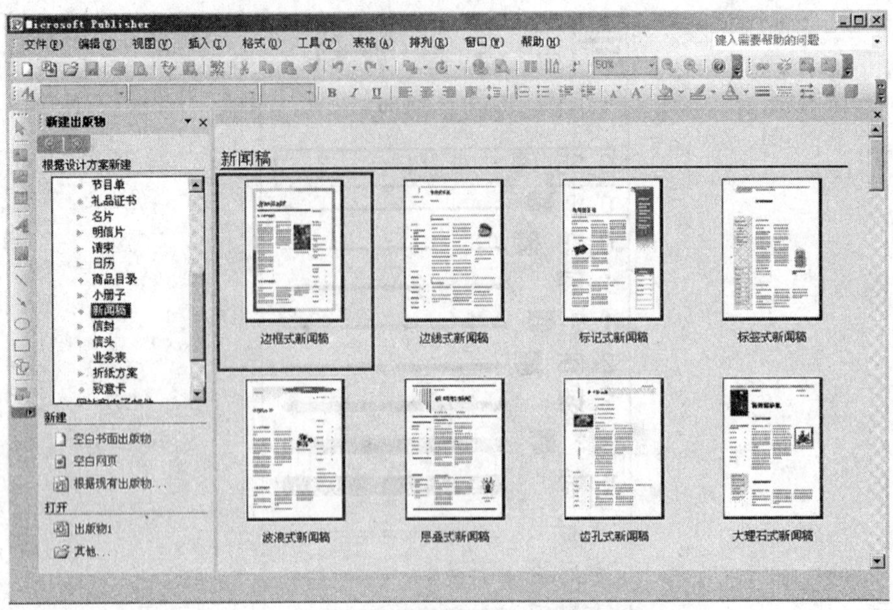

图 3－30　根据设计方案新建内部报刊

在该方案缩略图上单击鼠标左键，即可创建 1 个基于该设计方案的内部报刊，如图 3－31所示。

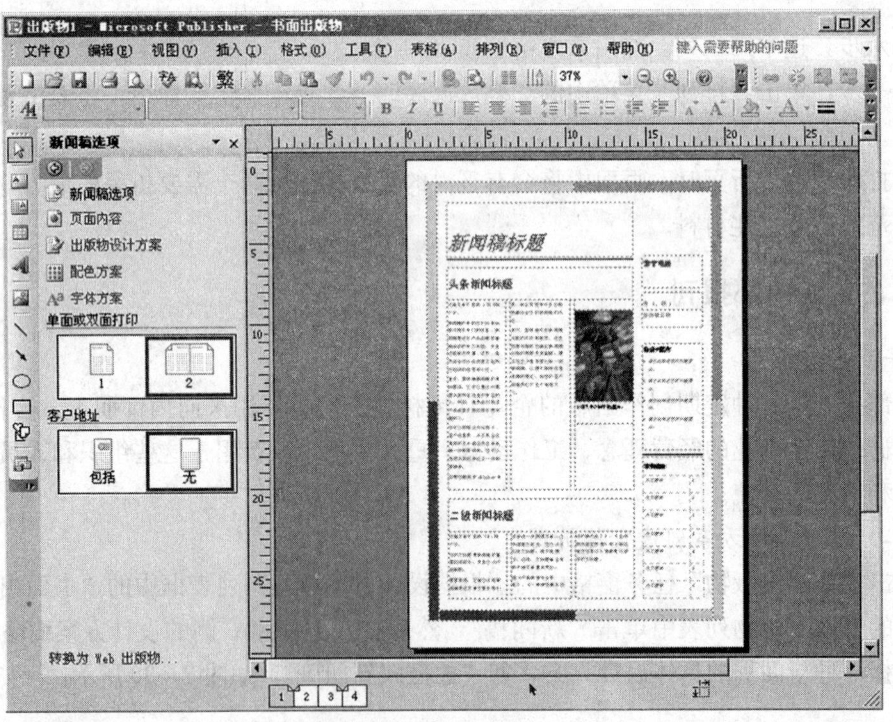

图 3－31　边框式新闻稿

（三）编辑刊头和标题

在基于设计方案新建的内部报刊中，用户可以替换设计方案提供的刊头文本和普通标题文本，方法是：选中刊头或标题文本，然后键入所需的文本。

如果需要在刊头文本前添加企业徽标，则可采用插入图片的方式，并在调整图片大小后把图片与标题文本组合在一起。如图 3－32 所示。

图 3－32　组合刊头元素

（四）使用重要引述

重要引述是从文章中摘选的重要语句，可以有效地吸引读者的注意力，也能够有效地增加报刊页面的趣味和变化。

要在文章中使用重要引述，可以按照以下步骤操作。

1. 直接替换占位符中的文本

如果文章占位符中已经包含了重要引述占位符，则只需要选中重要引述占位符中的文本，替换成需要的文本即可。如图 3－33 所示。

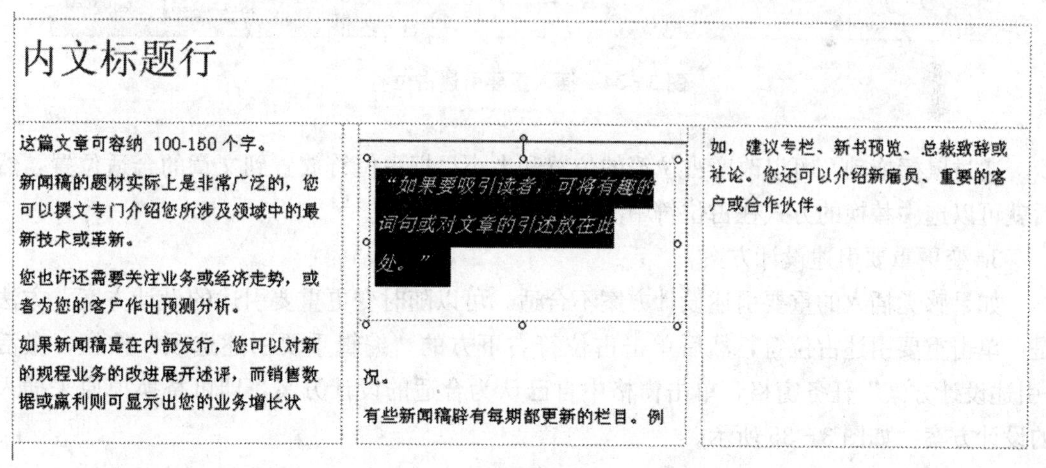

图 3－33　编辑重要引述

2. 先插入占位符，后替换文本

如果需要使用重要引述的文章占位符中没有包含重要引述占位符，则可以通过单击“插入”菜单中的“‘设计方案库’对象”命令，打开“设计方案库”对话框，对话框默认显示的是“对象（按类别）”选项卡，在该选项卡左侧的“类别”选择区中单击“重要引述”，然后在右侧的重要引述缩略图列表中选择一种设计方案，如“边框式重要引述”，单击“插入对象”按钮，即可在页面中插入1个重要引述占位符。如图3－34所示。

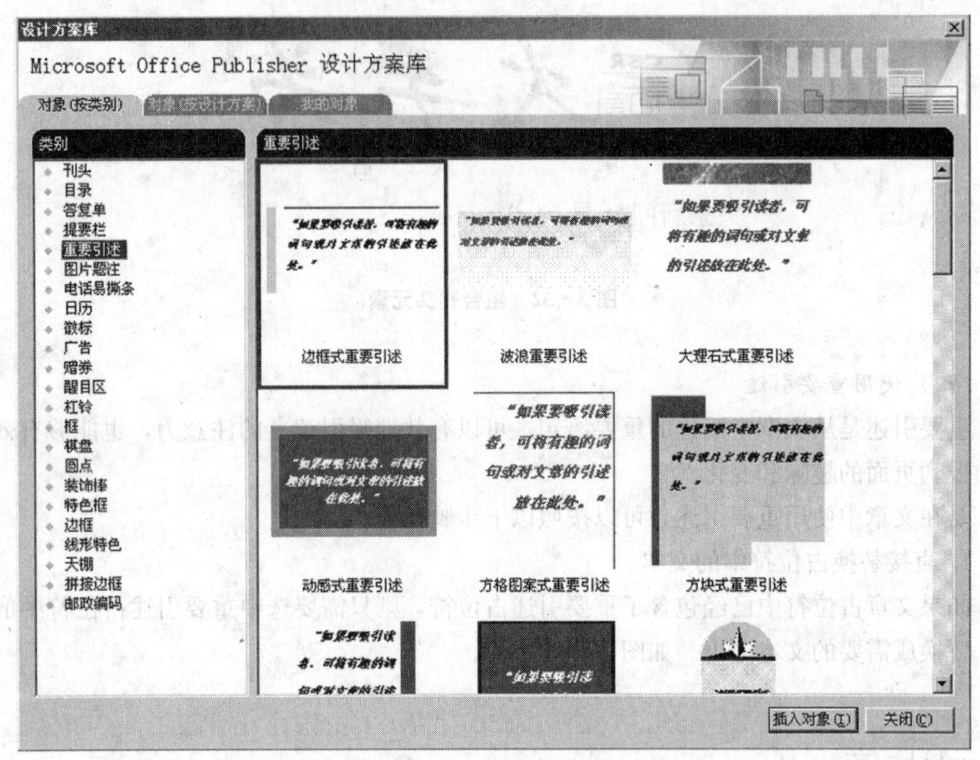

图3－34　插入重要引述占位符

通过鼠标拖动，可以改变占位符的位置和大小，把占位符放置到文章的合适位置，然后就可以选中替换的方式往占位符中添加需要的文本了。

3. 变更重要引述设计方案

如果感觉插入的重要引述设计方案不合适，可以随时变更重要引述的设计方案，方法是：单击重要引述占位符，然后单击占位符右下方的“编辑重要引述选项”按钮，激活“引述设计方案”任务窗格，单击窗格中自己认为合适的设计方案，即可替换掉原来插入的设计方案。如图3－35所示。

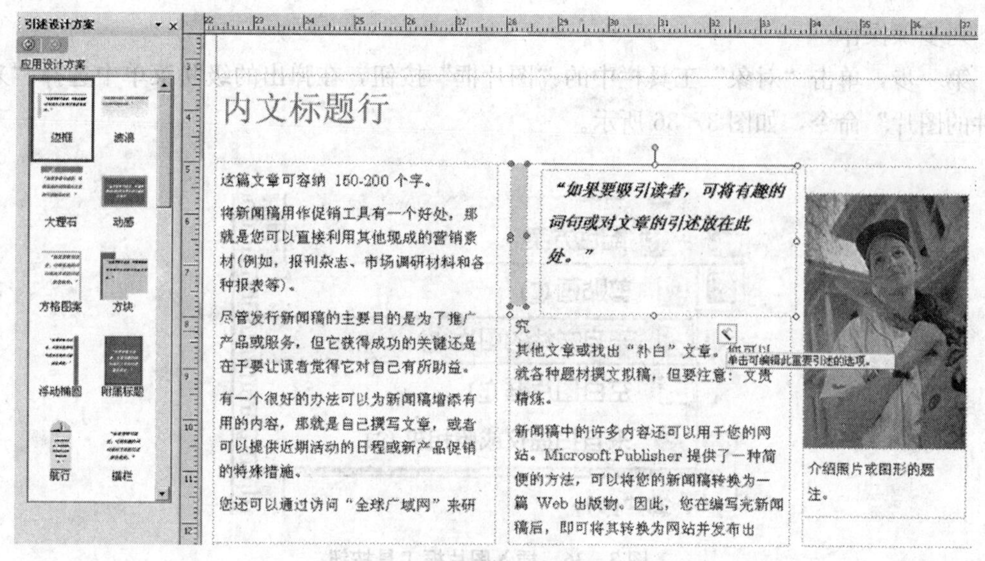

图 3－35　变更重要引述设计方案

【课后练习】

请利用本书资料包提供的企业徽标和新闻稿件创建一份名为《火车头》的企业内部报刊，企业名称为“西斯尔集团”，刊期为“第 1 期”，出版日期为 2011 年 1 月 15 日，各篇稿件的位置可自主安排。要求每篇新闻稿完整简洁，并至少有 1 篇文章包括重要引述。

任务五　添加图形和特殊效果

【任务目标】

学会如何向出版物添加图片、剪贴画、艺术字、设计方案库对象等多种图形元素，如何为文本框添加填充颜色和填充效果，以创建新颖、精美的出版物。

【建议学时】

2～4 学时。

【任务内容】

一、插入图片和剪贴画

（一）插入图片

表达出版物信息的图片能增强出版物的视觉吸引力。要在出版物中插入图片，可以按照下列步骤操作。

第一步，单击“对象”工具栏中的“图片框”按钮，在弹出的级联菜单中选择“来自文件的图片”命令，如图 3－36 所示。

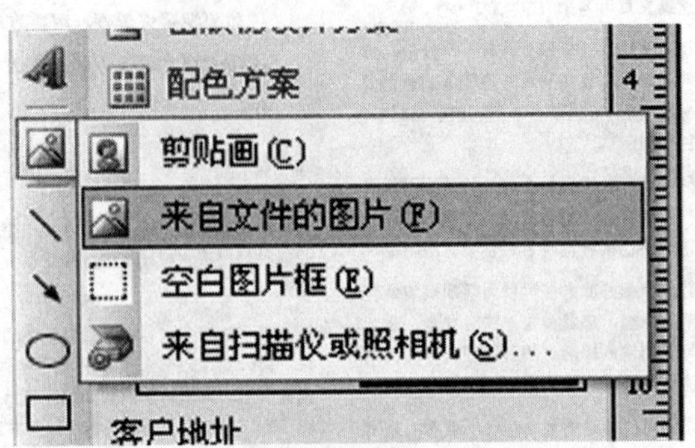

图 3－36　插入图片框工具按钮

第二步，在需要插入图片的地方拖动鼠标，根据需要插入图片的大小画 1 个图片框。松开鼠标，系统会自动打开“插入图片”对话框，如图 3－37 所示。

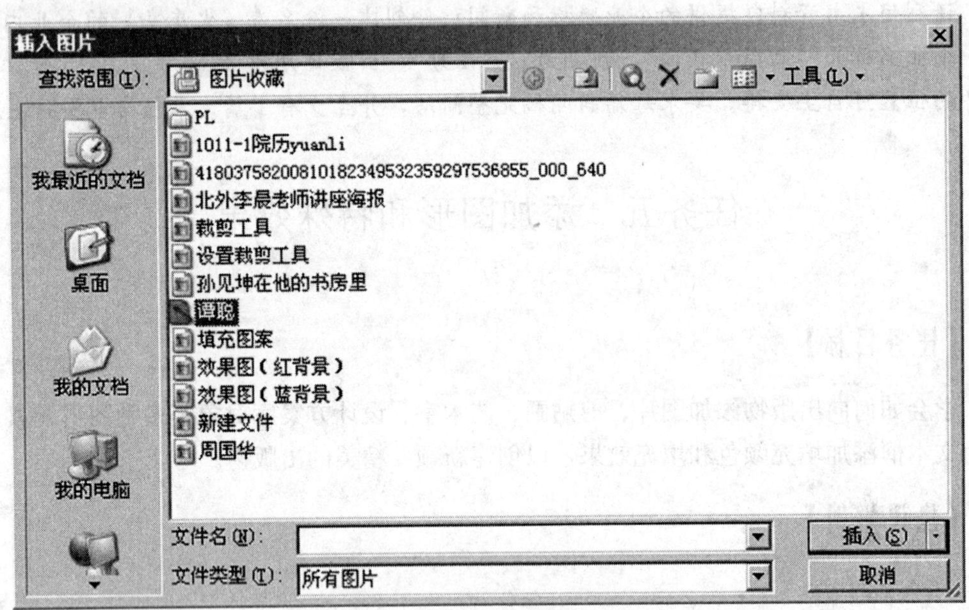

图 3－37　插入图片对话框

第三步，找到图片所在的确切位置后，单击需要插入的图片，然后单击“插入”按钮，即可在所画图片框中插入图片。

小贴士

可以插入 Publisher 2003 出版物的图片包括 .tif、.jpg、.gif、.wmf、.eps、.cdr 等多种格式的图片。

（二）调整图片位置和尺寸

插入图片后，可以通过调整图片的位置和尺寸使其更加美观。

1. 调整图片位置

调整图片位置的最简单方式是将鼠标指针移到图片上，当鼠标指针变成四向箭头时，按住鼠标左键将图片拖动到新的位置。也可以在选中图片后通过单击“排列”菜单中的“微移”命令进行调整。

2. 调整图片尺寸

调整图片尺寸可以通过鼠标拖动和对话框两种方式进行。

(1) 使用鼠标调整图片尺寸。单击选中图片，图片的 4 个边的中间位置以及图片的 4 个角的位置会出现 8 个尺寸控点，如图 3－38 所示。

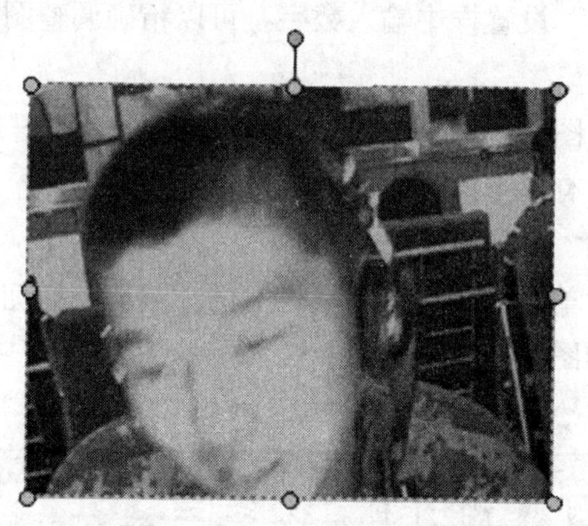

图 3－38 图片的尺寸控点

将鼠标指向图片上边或下边的尺寸控点，当鼠标指针变成双向箭头时，向上或向下拖动鼠标，可以改变图片的纵向尺寸；将鼠标指针指向图片左边或右边的尺寸控点，当鼠标指针变成双向箭头时，向左或向右拖动鼠标可以改变图片的横向尺寸；将鼠标指针指向图片四角的尺寸控点，当鼠标指针变成双向箭头时，沿图片的对角线方向拖动鼠标，可以按照图片原有的长宽比改变图片的尺寸。

(2) 使用对话框改变图片尺寸。单击选中图片，然后选择“格式”菜单中的“图片”命令，或者右击图片在弹出的快捷菜单中选择“设置图片格式”命令，打开“设置图片格式”对话框，单击其中的“尺寸”选项卡，如图 3－39 所示。

设置图片格式

颜色和线条 | 尺寸 | 版式 | 图片 | 文本框 | Web

尺寸和旋转

高度(E): 10 厘米　　宽度(D): 13.111 厘米

旋转(T): 0°

缩放

高度(H): 157 %　　宽度(W): 155 %

☑ 锁定纵横比(A)

☑ 相对于图片原始尺寸(R)

原始尺寸

高度: 6.35 厘米　　宽度: 8.47 厘米　　重置(S)

确定　取消　帮助

图 3－39　设置图片尺寸对话框

在“高度”和“宽度”设置框中输入数字，可以精确调整图片尺寸。

（三）裁剪图片

如果我们只需要显示图片的某一部分，而不是缩小整张图片，则可以对图片进行裁剪。裁剪图片的方法通常有以下两种。

1. 使用鼠标裁剪图片

单击选中图片，然后单击“图片”工具栏上的“裁剪”按钮，在图片的四边和四角都会出现图片裁剪控点，如图 3－40 所示。

图 3－40　图片工具栏和图片裁剪控点

将鼠标指向左右边、上下边或四角的裁剪控点，在纵向、横向或对角线方向上向图片中心拖动鼠标，即可在纵向、横向或对角线方向上裁剪图片。

2. 使用对话框裁剪图片

如果要按照精确数字裁剪图片，可以在单击选中图片后，通过单击“格式”菜单中的“图片”命令，打开“设置图片格式”对话框，然后单击其中的“图片”选项卡，如图3－41所示。

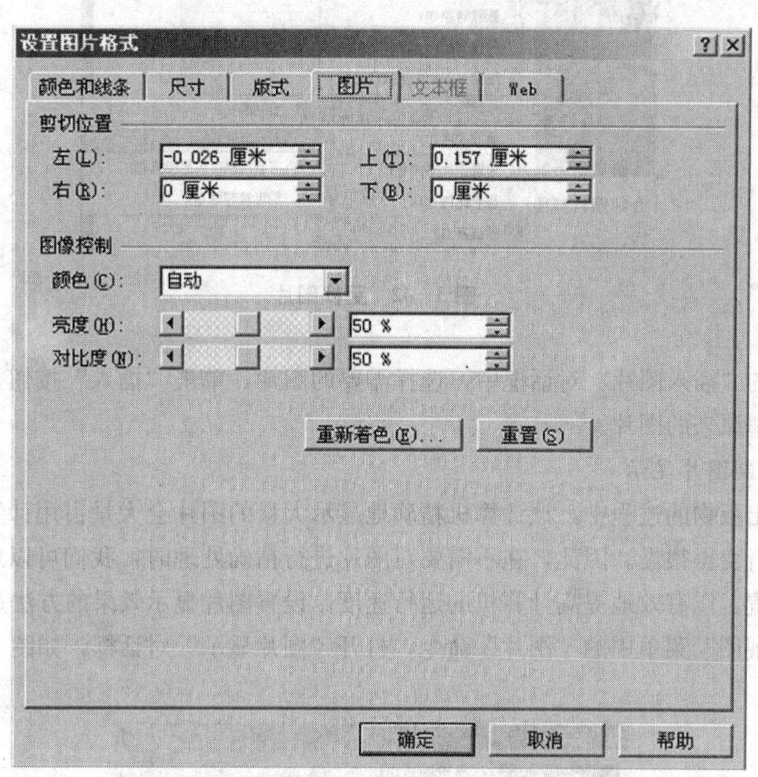

图3－41　裁剪图片对话框

在选项卡的“剪切位置”设置区中，可以精确设置从左右上下各剪切尺寸。

需要注意的是，被裁剪的图片并没有被真正地剪掉，而是被暂时隐藏起来。当我们需要的时候，还可以通过向外拖动裁剪控点把裁剪掉的部分显示出来。

（四）更换图片

对于设计方案中原有的图片以及用户自己插入到出版物中的图片，当用户觉得该图片不合适的时候，可以非常方便地随时更换该图片，更换的方法是：

右键单击现有图片，在弹出的快捷菜单中单击“修改图片”，然后在弹出的二级菜单中单击“来自文件”，如图 3 - 42 所示。

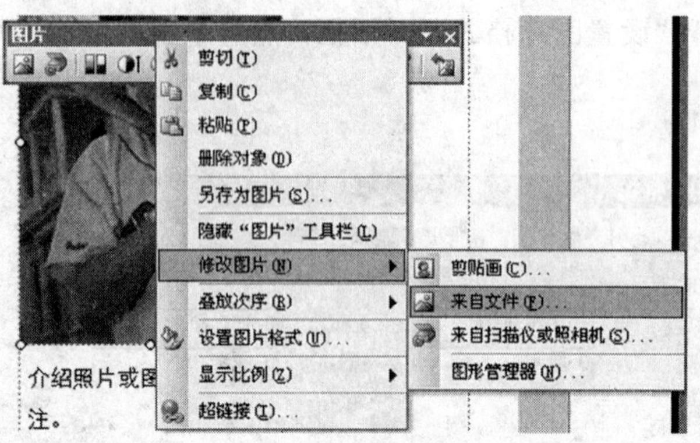

图 3 - 42　更换图片

在打开的“插入图片”对话框中，选择需要的图片，单击“插入”按钮，即可用需要的图片替换掉原来的图片。

（五）控制图片显示

在处理出版物的过程中，让计算机精确地显示大量的图片会大量占用计算机内存，使计算机的运行变得很慢。因此，在不需要对图片进行精确处理时，我们可以对图片的显示效果进行设置，以有效地提高计算机的运行速度。设置图片显示效果的方法是：

单击“视图”菜单中的“图片”命令，打开“图片显示”对话框，如图 3 - 43 所示。

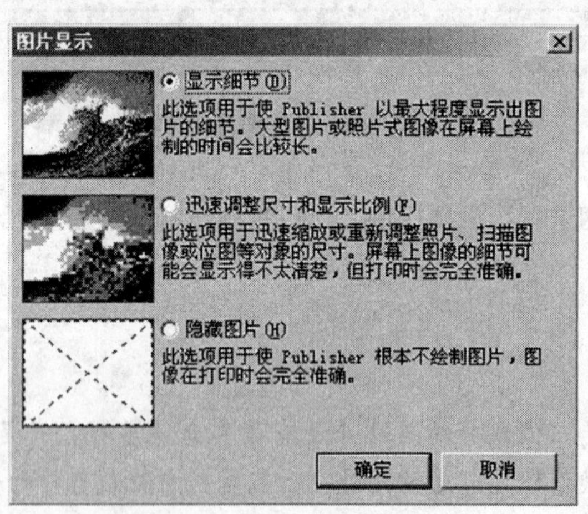

图 3 - 43　图片显示对话框

在对话框中，可以选择“显示细节”“迅速调整尺寸和显示比例”或“隐藏图片”选项，选定后，单击“确定”按钮，即可设置图片的显示效果。

（六）插入剪贴画

如果要在出版物中插入剪贴画，可以先单击“对象”工具栏上的“图片框”按钮，然后在弹出的二级菜单中单击“剪贴画”命令，激活“剪贴画”任务窗格。

在“剪贴画”任务窗格中，可以通过关键词搜索查找所需主题的剪贴画，然后通过单击搜索结果显示区域中的剪贴画缩略图，把剪贴画插入到出版物中。

二、创建填充颜色和填充效果

要制作优雅美观或外观统一的出版物，应当使用颜色和效果。给文本框添加颜色和纹理可以突出框架中的内容以及强调出版物中不同框架或内容区域之间的关系。

（一）使用填充颜色

为文本框添加填充颜色的方法是：

第一步，单击文本框边缘线选中文本框。

第二步，单击“格式”工具栏的“填充颜色”按钮中的下三角标志，打开填充颜色选择框，如图 3－44 所示。

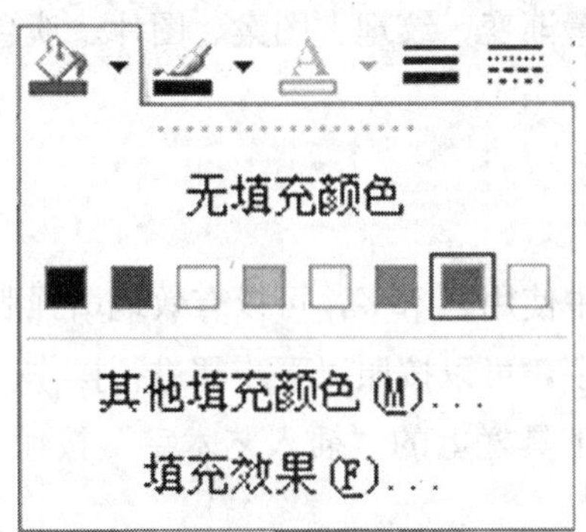

图 3－44　填充颜色选择框

第三步，单击选择框中列出的 8 种常用颜色中的一种，即可为文本框添加所选填充颜色。如果列出的 8 种常用颜色中没有所需的颜色，可以单击“其他填充颜色”按钮，打开“颜色”对话框，在对话框中选择自己需要的颜色。

（二）使用图案和渐变颜色

如果需要使用图案或者渐变颜色填充文本框，可以按照以下步骤进行。

第一步，单击文本框边缘线选中文本框。

第二步，单击“格式”工具栏的“填充颜色”按钮中的下三角标志，打开填充颜色选择框。

第三步，单击填充颜色选择框中的“填充效果”按钮，打开“填充效果”对话框，如图 3－45 所示。

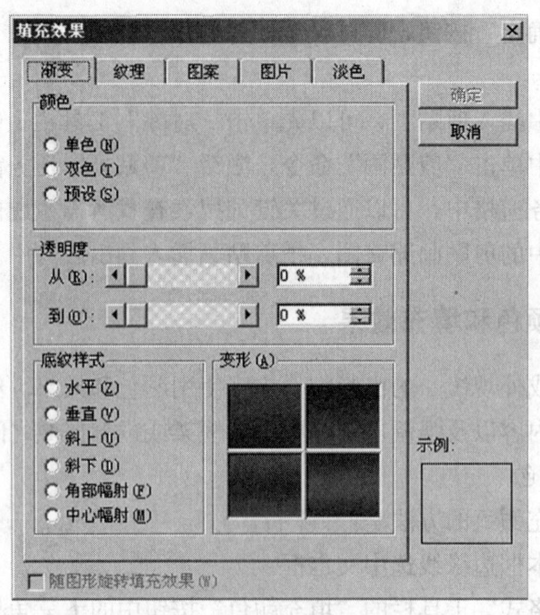

图 3 - 45　填充效果对话框

第四步，在对话框中设置渐变、纹理、图案、图片、淡色等填充效果，然后单击“确定”按钮。

三、使用艺术字

在出版物的标题或徽标中使用艺术字，可以有效地增强版面的艺术效果，增加对读者的吸引力。如果要使用艺术字，可以按照以下步骤进行操作。

第一步，单击“对象”工具栏上的“插入艺术字”按钮，打开“艺术字库”对话框，如图 3 - 46 所示。

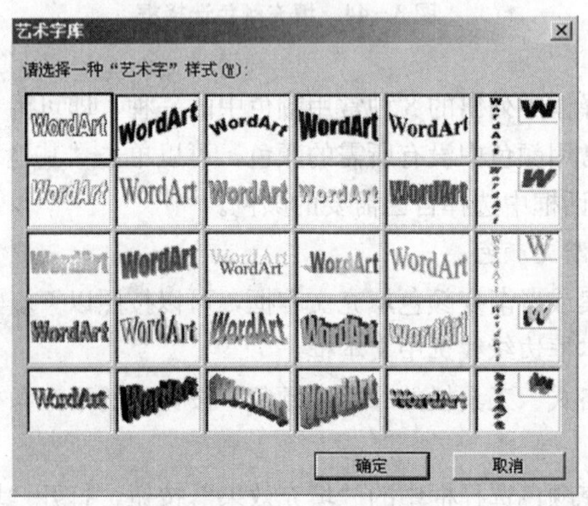

图 3 - 46　艺术字库对话框

第二步，单击选择一种自己需要的艺术字样式，然后单击“确定”按钮，打开“编辑‘艺术字’文字”对话框，如图 3-47 所示。

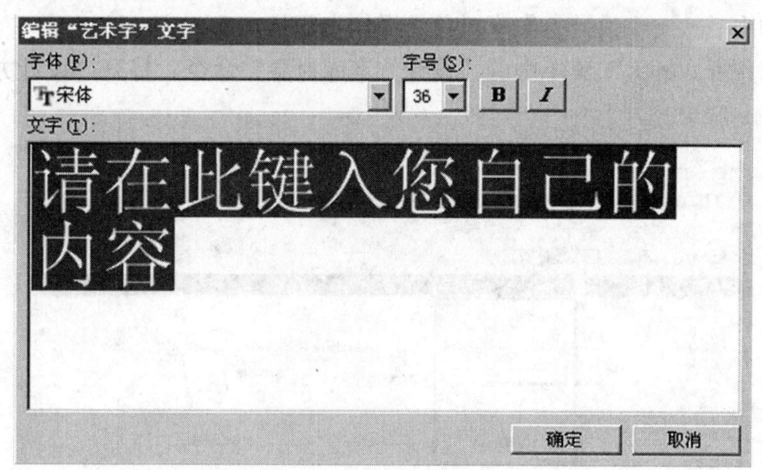

图 3-47 编辑“艺术字”文字对话框

第三步，在“字体”选择框中选择需要的字体，在“字号”选择框中选择需要的字号，在“文字”输入框中输入艺术字的内容，如“火车头”，然后单击“确定”按钮，艺术字会以图片形式插入版面，并同时激活“艺术字”工具栏。如图 3-48 所示。

图 3-48 艺术字效果与艺术字对话框

第四步，调整艺术字在版面中的位置、大小即可。同时，还可以利用“艺术字”工具栏上的各个工具按钮对艺术字进行内容、样式、颜色、形状、版式等各种属性的设置。

四、使用设计方案库

（一）认识设计方案库

Publisher 2003 的设计方案库中有许多智能对象——预先设置好格式的设计元素，比如徽标、赠券和报头等，每个元素均有相应的向导。用户可以使用设计方案库中的元素自定义出版物，甚至可以创建自定义的设计方案并存储在设计方案库中，这样就可以非常方便地找到这些设计方案并在其他出版物中使用。

（二）插入设计方案库对象

在出版物中插入 1 个设计方案库对象的操作步骤是：

第一步，选择“插入”菜单中的“设计方案库对象”命令，打开“设计方案库”对话框，如图 3－49 所示。

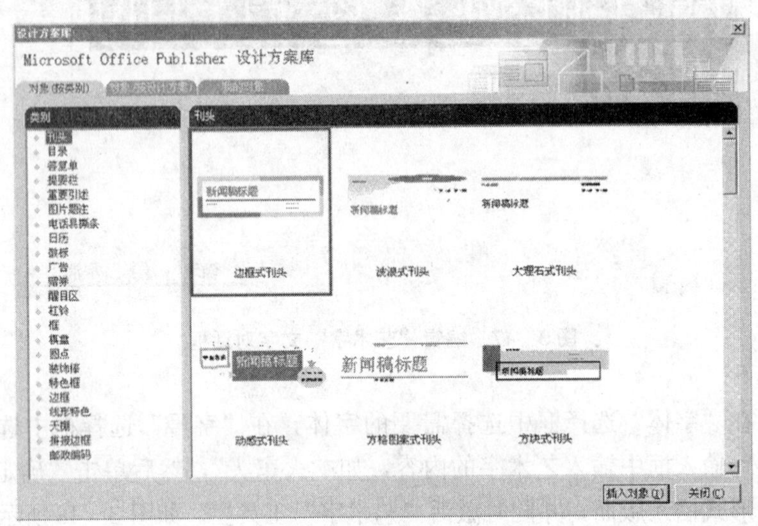

图 3－49　设计方案库对话框

第二步，在“对象（按类别）”选项卡中选择要使用的设计类别，右边窗口将展示可用的对象。如果要根据设计方案选择对象，请单击“对象（按设计方案）”选项卡，从窗口中选择需要的对象。

第三步，单击“插入对象”按钮，即可在版面中插入 1 个设计方案库对象。

（三）设计方案库对象的编辑

插入设计方案库对象后，可以根据需要对该对象进行移动位置、改变尺寸、设置格式等操作。

如果对该对象的某个元素特别感兴趣，还可以将其与其他元素分离开来进行单独操作。分离的方法是，选中整个对象后，选择“排列”菜单中的“取消组合”命令，或者用鼠标右击该对象后，在快捷菜单中选择“取消组合”命令。

【课后练习】

把本书资料包提供的新闻配图添加到任务四中创建的第 1 期《火车头》内部报刊中，并调整其大小和位置以适应页面，同时，适当使用艺术字、填充颜色和填充效果美化各个版面。

参考文献

[1] 王耀昶，张佩溶．现代拼音速录［M］．北京：机械工业出版社，2009.

[2] 李继锋，周中映．计算机录入与排版［M］．北京：人民邮电出版社，2008.

[3] 武马群．汉字录入与编辑技术［M］．北京：北京工业大学出版社，2008.

[4] 段红凯．文字录入与排版职业技能培训［M］．北京：电子工业出版社，2008.

[5] 翟铭．排版技术［M］．北京：印刷工业出版社，2006.

[6] MICHAEL HALVORSON，MICHAEL YONG. Microsoft Office 2000 中文专业版使用大全［M］．汉扬天地科技发展有限公司，编译．北京：清华大学出版社，1999.